Союзники
Человечества

◆

Книга Первая

Союзники Человечества

◆

Книга Первая

◆

СРОЧНОЕ ПОСЛАНИЕ

о Внеземном Присутствии в

Современном Мире

Маршалл Виан Саммерс

АВТОР

«Шагов к Знанию: Книга внутреннего познания»

Посвящено движениям великой свободы

в истории нашего мира —

как известным, так и неизвестным.

СОДЕРЖАНИЕ

Четыре основных вопроса о внеземном

присутствии в современном мире:

Что происходит?

*Почему это
происходит?*

Что это значит?

*Как мы можем
подготовиться?*

Достаточно необычно найти книгу, которая может изменить жизнь человека, но ещё необычнее встретить книгу, которая может оказать воздействие на человеческую историю.

Почти сорок лет назад, ещё до того, как появилось экологическое движение, мужественная женщина написала одну из самых провокационных и противоречивых книг, которая изменила ход истории. Книга Рейчел Карсон «Безмолвная весна» заставила задуматься мировую общественность об опасности загрязнения окружающей среды и пробудила реакцию у активистов, которая продолжается по сей день. Одна из первых публично заявивших о том, что использование пестицидов и химических токсинов представляет собой угрозу для всего живого, Карсон была осмеяна и очернена поначалу, даже многими ее сверстниками, но, в конечном счёте, стала одним из самых важных голосов 20-го века. «Безмолвная весна» по-прежнему многими признаётся как краеугольный камень в вопросе защиты окружающей среды.

Сегодня, до того как распространилась осведомлённость общественности о происходящем внеземном вторжении в нашу среду, такой же смелый человек – ранее скрытый духовный учитель – выступает вперёд, неся чрезвычайно тревожное послание, приходящее из-за пределов нашей планетарной системы. Передавая послание «Союзников Человечества», Маршалл Виан Саммерс является первым духовным лидером нашего времени, однозначно заявляющим о том, что незваное присутствие и тайные действия наших внеземных «гостей» представляют собой серьезную угрозу для человеческой свободы.

Хотя поначалу, также как и Карсон, Саммерс, безусловно, встретится с насмешками и унижением, он, в конечном итоге, может быть признан одним из важнейших голосов в мире в области внеземной разумной жизни, человеческой духовности и эволюции сознания. Отчёты Союзников Человечества также могут оказаться ключевыми в обеспечении будущего нашего рода – не только пробуждая наше глубокое понимание проблемы тихого инопланетного вторжения, но и начиная беспрецедентное движение сопротивления и утверждения наших прав.

Хотя обстоятельства возникновения этого взрывного, спорного материала могут быть для некоторых проблематичными, представляемая перспектива и срочность передаваемого послания требуют нашего глубокого внимания и решительного отклика. Здесь мы сталкиваемся с очень правдоподобным утверждением, что возрастание количества появлений НЛО и других связанных с ними явлений - симптомы не что иного, как тонкого и, следовательно, беспрепятственного вмешательства внеземных сил, которые стремятся эксплуатировать ресурсы Земли исключительно для собственной выгоды.

Как можем мы надлежаще отреагировать на такие тревожные и возмутительные претензии? Должны ли мы это игнорировать или перестать об этом думать, как это делали многие оппоненты Карсон? Или же мы будем расследовать и пытаться понять, что именно здесь предлагается?

Если мы захотим исследовать и понять, вот что мы обнаружим: тщательный анализ последних десятилетий исследований активности НЛО по всему миру и других, по-видимому, внеземных явлений (например, похищения инопланетянами людей и импланты, увечье животных и даже психологическое «овладение») дает достаточно доказательств, подтверждающих точку зрения Союзников; действительно, информация, содержащаяся в Отчётах Союзников, потрясающим образом поясняет вопросы, озадачивающие ученых в течение многих лет, объясняя их множеством мистичных, но настойчивых доказательств.

Как только мы достигли точки, в которой достаточно исследовали эти вопросы, и убедились, что послание союзников не только правдоподобное, но и вполне убедительное, возник вопрос: «Что теперь?» Наши соображения приведут нас к неизбежному выводу, что наше сегодняшнее положение имеет глубокую параллель с вторжением европейской «цивилизации» в Северную и Южную Америку, начавшуюся в 15-ом веке, когда коренные народы были не в состоянии понять и адекватно отреагировать на сложность и опасность сил, посещающих их берега. «Пришельцы» пришли во имя Бога, демонстрируя впечатляющие технологии, и, якобы, предлагая более продвинутый и цивилизованный образ жизни. (Здесь нужно отметить, что европейские завоеватели были не «воплощением зла», а лишь оппортунистами, оставившими после себя в наследство непреднамеренное разрушение.)

Важно отметить, что радикальное и широкомасштабное нарушение основных прав свободы коренных американцев, которое впоследствии они испытали, – включая быстрое истребление их населения, – это не только монументальная человеческая трагедия, но и мощный урок для нашей нынешней ситуации. На данный момент мы все являемся коренным населением нашего мира, и если мы не сможем коллективно собраться, чтобы дать адекватный отпор, то нас ждет подобная участь. Именно это понимание несут Отчёты Союзников Человечества.

Да, это именно та книга, которая может изменить жизнь, потому что она пробуждает глубокий внутренний отклик, напоминающий нам о цели нашего существования именно в этот момент человеческой истории, и ставит нас лицом к лицу с нашей судьбой. Здесь мы сталкиваемся с очень неприятным осознанием того, что само будущее человечества может зависеть от того, как мы отреагируем на это послание.

В то время как Отчёты Союзников Человечества несут в себе глубокое предостережение, в них нет устрашения, обреченности и уныния. Вместо этого послание предлагает сильно выраженную надежду в этой весьма опасной и трудной ситуации настоящего момента. Очевидным намерением является сохранение и укрепление свободы человека, а также пробуждение личной и коллективной реакции на инопланетное вмешательство.

Рейчел Карсон сама когда-то очень подходящим образом пророчески определила ту самую проблему, которая препятствует нашей способности реагировать на этот текущий кризис: «Мы еще не стали достаточно зрелыми, - сказала она, - чтобы думать о себе, как о только лишь очень маленькой части огромной и невероятной Вселенной». Ясно, что мы уже давно нуждаемся в новом понимании нас самих, нашего места в космосе и жизни в Великом Сообществе (огромной физической и духовной Вселенной, в которую мы в настоящее время вступаем). К счастью, Отчёты Союзников Человечества служат воротами к удивительно значительному объему духовных учений и практик, помогающих развитию необходимой зрелости человеческого рода с позиции, которая не является ни земной, ни антропоцентрической, а вместо этого коренится в более старых, глубоких и всеобщих традициях.

В конечном счёте, Послание Союзников Человечества бросает вызов почти всем нашим фундаментальным представлениям о реальности, одновременно давая нам наибольшие шансы для развития и для выполнения важнейшей задачи – выживания. В то время, как нынешний кризис угрожает нашему самоопределению, он может также обеспечить столь необходимый фундамент, который приведёт человеческий род к единству – что является почти невозможным без этого более широкого контекста. С позиции, предлагаемой в книге «Союзники Человечества», и бо́льшего объёма учений, представленных Саммерсом, нам даны побуждение и вдохновение, чтобы совместно объединиться в более глубоком понимании служения дальнейшей эволюции человечества.

◆

В своем докладе для обзора журнала «Time Magazine» о 100 самых влиятельных голосах 20-го века Питер Маттейсен писал о Рейчел Карсон: «Ещё до появления экологического движения была одна смелая женщина и ее очень храбрая книга». Может быть, несколько лет спустя мы сможем выразиться аналогично о Маршалле Виане Саммерсе: Ещё до появления движения освобождения человечества, чтобы противостоять внеземному вторжению, был один смелый человек и его очень храброе послание – «Союзники Человечества». Пусть на этот раз наш отклик будет более быстрым, решительным и сплочённым.

—Майкл Браунли,
Журналист

ОБРАЩЕНИЕ К ЧИТАТЕЛЯМ

«Отчёты Союзников Человечества» представляются для того, чтобы приготовить человечество к абсолютно новой реальности, которая по бо́льшей части скрыта и не признана в современном мире. Отчёты Союзников открывают новую перспективу, которая даст людям возможность справиться с самой большой проблемой и реализовать возможность, которая никогда ранее не была представлена нам как космической расе. Отчёты содержат определённое количество критических и даже тревожных утверждений о растущем внеземном вторжении и проникновении в человеческую расу, о внеземной активности и скрытых намерениях. Цель Отчётов Союзников состоит не в том, чтобы представить веские доказательства о реальности внеземного посещения нашего мира: она уже отражена во многих других книгах и исследовательских журналах на эту тему. Цель Отчётов Союзников – обратить внимание на драматические и далеко идущие последствия этого явления, поставить под сомнение наши человеческие устремления и предположения на этот счёт, а также оповестить человечество о том переходе, на пороге которого оно стоит. Отчёты представляют собой краткий взгляд на реальность разумной жизни во Вселенной и на реальное значение Контакта. То, о чём сообщают Союзники Человечества, будет совершенно новым для многих читателей. Для остальных это станет подтверждением того, что они давно чувствовали и знали.

Хотя эти отчёты предоставляют срочное послание, они говорят о движении по направлению к более высокому сознанию, называемому «Знание-Гносис», которое включает в себя более сильную телепатическую способность среди людей и между внеземными расами. Отчёты Союзников были переданы автору многорасовой внеземной группой существ, которая называет себя «Союзники Человечества». Они описывают себя, как физические существа из других миров, которые собрались в нашей солнечной системе около Земли с целью наблюдения за общением и деятельностью внеземных рас, вмешивающихся в жизнь землян. Они подчёркивают, что они физически не присутствуют в нашем мире, но предоставляют необходимую мудрость, а не технологию или другие виды вмешательства.

Отчёты Союзников были предоставлены Маршаллу Виану Саммерсу на английском языке за один год. Они предлагают перспективу и видение сложного предмета, который, несмотря на десятилетия накапливаемых свидетельств, продолжает озадачивать исследователей. Эта перспектива не является романтической, спекулятивной или идеалистической. Наоборот, она напрямую реалистична и бескомпромиссна до такой степени, что делает её трудной для понимания даже читателя, достаточно хорошо знакомого с этой темой.

Поэтому, чтобы принять то, что предлагают эти отчёты, требуется хотя бы на короткое время избавиться от тех представлений, предположений и вопросов, которые у вас могут возникнуть в связи с внеземным Контактом, и даже от того, как была получена эта книга. Содержание этой книги – это так называемое «послание в бутылке» из-за пределов нашего мира. Так давайте будем беспокоиться не о бутылке, а о самом послании.

Для того, чтобы понять всю суть этого сложного послания, мы должны подумать и поставить под сомнение многие преобладающие предпосылки и мнения относительно возможности и реальности Контакта. Они включают в себя следующее:

– отрицание;

– ожидание с надеждой;

– неправильное истолкование доказательств с целью подтверждения наших убеждений;

– желание и ожидание спасения от «пришельцев»;

– вера в то, что внеземная технология нас спасёт;

– чувство безнадёжности и покорности тому, что мы считаем высшей силой;

– требование разоблачения правительства, а не разоблачения внеземных сил;

– критика земных лидеров и организаций наряду с безусловным принятием «пришельцев»;

– предположение, что «пришельцы» несут только добро, основанное исключительно на том, что они пока не атаковали и не вторглись на нашу территорию;

– предположение, что продвинутая технология равняется более развитой этике и духовности;

- вера в то, что это явление – загадка, тогда как в действительности это постижимое событие;
- вера в то, что внеземные существа каким-то образом имеют право претендовать на человечество и эту планету;
- и вера в то, что человечество нельзя спасти и что оно не выживет собственными силами.

Отчёты Союзников ставят под сомнение эти предположения и теории и развенчивают многие мифы, преобладающие в нашем сознании: кто такие пришельцы и почему они здесь.

Отчёты дают нам более ясную перспективу и более глубокое понимание нашей дальнейшей судьбы в панораме разумной жизни во Вселенной. Для того, чтобы донести до нас своё послание, Союзники не говорят с нашим аналитическим разумом, а обращаются к Знанию, более глубокой части нашего существа, где истина, какая бы она ни была запутанная, может быть увидена и прочувствована.

«Союзники Человечества: Книга I» поднимет много вопросов, которые потребуют дальнейших исследований и размышлений. Цель послания не в том, чтобы предоставить имена, даты или адреса, а в том, чтобы обеспечить понимание присутствия внеземных существ в нашем мире и жизни во Вселенной, которого у нас, как у земных существ, не могло бы быть. Так как мы всё ещё живём в изоляции на поверхности нашего мира, мы ещё не можем видеть и понимать, что происходит с разумной жизнью за пределами нашего мира. Для этого нам нужна помощь, помощь исключительного вида. Мы, возможно, не распознаем и не примем такую помощь в данный момент. И всё же она здесь.

Цель Союзников – предупредить нас о возможном риске вступления в Великое Сообщество разумной жизни и помочь нам успешно преодолеть этот огромный барьер таким образом, чтобы человеческая свобода, суверенитет и самоопределение были сохранены. Союзники находятся здесь, чтобы поставить нас в известность о том, что человечеству необходимо установить свои собственные «Правила Контакта» в это беспрецедентное время. По словам Союзников, если мы обладаем мудростью, готовностью и единством, мы сможем занять предназначенное нам место как зрелая и свободная раса в Великом Сообществе.

◆

В течение того периода времени, когда появлялась эта серия отчётов, Союзники повторяли некоторые ключевые идеи, которые, как они чувствовали, имеют жизненно важное значение для нашего понимания. Мы оставили эти повторения в книге для того, чтобы сохранить её целостность и намерение их сообщения. Из-за срочного характера послания Союзников и из-за тех сил в нашем мире, которые могут выступить против этого сообщения, эти повторения являются мудрой необходимостью.

После публикации «Союзников Человечества: Книга I» в 2001 году Союзники предоставили вторую серию отчётов для того, чтобы продолжить своё жизненно важное послание человечеству. «Союзники Человечества: Книга II», изданная на английском языке в 2005 году, предоставляет новую ошеломляющую информацию о взаимоотношениях между расами в близкой нам Вселенной и о природе, целях и наиболее скрытой деятельности тех цивилизаций, которые вмешиваются в жизнь человечества. Благодаря тем читателям, которые почувствовали настоятельность послания Союзников и перевели отчёты на другие языки, во всём мире растёт осознание реальности Вторжения.

Мы в Библиотеке Нового Знания полагаем, что эти две книги отчётов содержат одно из самых важных посланий, передаваемых миру на сегодняшний день. «Союзники Человечества» — это не просто одна из книг, рассуждающих о явлении НЛО/Внеземных Цивилизаций. Это по-настоящему действенное послание, направленное на изучение причины, лежащей в основе внеземного Вторжения, для того чтобы повысить уровень осознания, необходимого в решении проблем и использовании дальнейших возможностей.

—БИБЛИОТЕКА НОВОГО ЗНАНИЯ

Кто такие Союзники Человечества?

Союзники служат человечеству, потому что они служат освоению и выражению Знания во всём Великом Сообществе. Они представляют Мудрых во многих мирах, которые поддерживают великую цель жизни. Совместно они обладают великими Знаниями и Мудростью, которые могут быть переданы сквозь огромные расстояния и пространства, и через любые границы рас, культур, темперамента и окружающей среды. Их мудрость всепроникающая. Их мастерство велико. Их присутствие скрытно. Они признают вас, потому что понимают, что вы есть новая возникающая раса, вступающая в очень сложную и конкурентную среду Великого Сообщества.

◆

«Духовность Великого Сообщества»
Глава 15: «Кто служит человечеству?»

...Около двадцати лет назад группа существ из нескольких различных миров собралась в укромном месте нашей солнечной системы рядом с Землёй для того, чтобы наблюдать за внеземным Вторжением в наш мир. Со своего скрытого поста наблюдения они смогли установить сущность, организацию и намерения тех, кто вторгся в наш мир, и вести наблюдение за их действиями.

Эта группа наблюдателей называет себя "Союзники Человечества".

Это их отчёт...

Отчёты

◆

Внеземное Присутствие в Современном Мире

Это большая честь для нас иметь возможность представить эту информацию всем, кому посчастливилось услышать это послание. Мы являемся Союзниками Человечества. Эта передача послания стала возможной благодаря присутствию Невидимых Наставников, духовных советников, отвечающих за развитие разумной жизни, как в вашем мире, так и во всём Великом Сообществе Миров.

Мы общаемся не посредством механических устройств, а через духовный канал, свободный от помех. Хотя мы и живем, так же как вы, в физическом мире, нам дана привилегия общаться таким образом, чтобы предоставить информацию, которой мы должны поделиться с вами.

Мы представляем собой небольшую группу, которая наблюдает за событиями в вашем мире. Мы пришли из Великого Сообщества. Мы не вмешиваемся в человеческие дела. У нас здесь нет учреждений. Мы посланы для очень конкретной цели – стать свидетелями событий, происходящих в вашем мире, и, используя предоставленную возможность, сообщить вам то, что мы видим и что мы знаем; потому что вы живёте на поверхности вашего мира и не можете видеть то, что происходит в его окружении. Вы также не можете ясно видеть, что посещение вашего мира уже происходит в данный момент и что это несет для вашего будущего.

Мы хотели бы предоставить вам свидетельство об этом. Мы делаем это по просьбе Невидимых Наставников, потому что именно для этой цели нас послали. Информация, которую мы собираемся передать, может вам показаться очень сложной и ошеломляющей. Она, пожалуй, будет неожиданной для многих, кто услышит это сообщение. Мы понимаем эту трудность, потому что нам пришлось столкнуться с этим в наших собственных культурах.

Услышав эту информацию, вам, может быть, будет трудно её принять поначалу, но тем не менее это жизненно важно для всех, кто хотел бы внести свой вклад в этот мир.

На протяжении многих лет мы наблюдаем за событиями в вашем мире. Мы не стремимся построить отношения с человечеством. Мы здесь не на дипломатической миссии. Мы посланы Невидимыми Наставниками, чтобы жить в непосредственной близости от вашего мира для наблюдения за событиями, которые мы собираемся описать.

Наши имена не важны. Они были бы бессмысленны для вас. И мы их вам не называем для нашей собственной безопасности, потому что мы должны оставаться скрытыми для того, чтобы вам служить.

Прежде всего всем людям в вашем мире необходимо понять, что человечество вступает в Великое Сообщество разумной жизни. Ваш мир в настоящее время «посещается» несколькими инопланетными расами, а также несколькими организациями разных рас. Это активно происходит в течение уже продолжительного времени. На протяжении всей человеческой истории были посещения, но никогда ещё в таком масштабе. Появление ядерного оружия и уничтожение вашего природного мира привели эти силы к вашим берегам.

Как мы понимаем, есть много людей в вашем мире, кто уже начинает осознавать, что это происходит. Также мы понимаем, что существует множество толкований этих посещений: что они могут означать и что могут предложить. И многие из людей, знающие об этих вещах, надеются и ожидают большую пользу для всего человечества. Мы это понимаем. Такие ожидания вполне естественны. Такая надежда тоже естественна.

Ваш мир посещают настолько часто, что люди во всех частях мира наблюдают это и чувствуют напрямую эффект этого. Этих «пришельцев» из «Великого Сообщества», этих различных групп существ, привело на Землю не желание содействовать прогрессу человечества или духовному воспитанию человека, а ресурсы вашего мира привели эти силы в таком количестве к вашим берегам.

Мы понимаем, что, может быть, трудно это принять поначалу, потому что вы ещё не в состоянии оценить, насколько красив ваш мир, как многим он обладает, и какая это редкая жемчужина в Великом Сообществе бесплодных миров и пустого пространства. Такие миры, как ваш, очень редко встречаются. Большинство планет в Великом Сообществе, которые сейчас обитаемы, были колонизированы благодаря технологии. Но такие миры, как ваш, где жизнь развилась естественным путем, без помощи технологии, гораздо более редки, чем вы можете себе представить. Другие это, конечно, заметили, потому что биологические ресурсы вашего мира используются несколькими расами уже на протяжении тысячелетий. Для некоторых он является складом. И всё же развитие человеческой культуры и опасного оружия, а также истощение этих ресурсов привели к инопланетному Вторжению.

Возможно, вы удивитесь, почему не приняты дипломатические усилия, чтобы связаться с лидерами человечества. Это разумный вопрос, но трудность здесь заключается в том, что нет никого, кто бы мог представлять человечество, так как ваши люди разделены, и ваши страны противостоят друг другу. Пришельцы, о которых мы говорим, также предполагают, что вы воинственны и агрессивны и что вы можете нанести вред и проявить враждебность по отношению к Вселенной вокруг вас, несмотря на ваши хорошие качества.

Таким образом, в наших рассуждениях мы хотим дать вам представление о том, что происходит, что это будет значить для человечества и как это связано с вашим духовным развитием, вашим социальным развитием и с будущим в вашем собственном мире и в самом Великом Сообществе Миров.

Люди не осознают присутствия внешних сил, не подозревают о присутствии исследователей ресурсов и о тех, кто будет искать союза с человечеством для своей пользы. Возможно, нам следует начать с того, чтобы дать вам представление о том, какова жизнь за пределами ваших берегов, потому что вы не путешествовали далеко и не можете постичь всё самостоятельно.

Вы живете в весьма обитаемой части Галактики. Не все части Галактики настолько заселены. Существуют большие неисследованные области. Существует много скрытых рас. Торговля и коммерция между мирами осуществляется только в определенных зонах. Окружение, в которое вы вступаете, является очень конкурентным. Потребность в ресурсах ощущается повсюду, и многие технологические общества превосходят в потреблении возможности природных ресурсов своего мира и должны торговать, обмениваться и путешествовать, чтобы получить то, что им нужно. Это очень сложная ситуация. Созданы многие союзы и случаются конфликты.

Возможно, в этот момент уже следует понять, что Великое Сообщество, в которое вы вступаете, является сложным и требующим особого внимания, и все же оно открывает большие возможности для человечества. Однако чтобы эти возможности и преимущества были реализованы, человечество должно хорошо подготовиться и узнать, на что похожа жизнь во Вселенной. И оно должно понять, что означает духовность в Великом Сообществе разумной жизни.

Мы понимаем из нашей собственной истории, что это величайший переход, с которым любой мир когда-либо сталкивается. Однако это не то событие, которое вы могли бы запланировать сами для себя. Это не то событие, которое вы могли бы спроектировать для своего собственного будущего. Потому что силы, которые принесли бы сюда реальность Великого Сообщества, уже присутствуют в вашем мире. Обстоятельства привели их сюда. Они уже находятся здесь.

Возможно, это даёт вам представление о том, какова жизнь за пределами ваших границ. Мы не хотели бы создавать устрашающую картину, но для вашего собственного благополучия и для вашего будущего, необходимо, чтобы у вас была честная оценка и чтобы вы смогли увидеть эти вещи ясно.

Необходимость подготовки к жизни в Великом Сообществе, на наш взгляд,-это самая большая потребность вашего сегодняшнего мира. И все же, по нашим наблюдениям, люди заняты только своими личными делами и проблемами повседневной жизни, не подозревая о тех великих силах, которые изменят их судьбу и повлияют на их будущее.

Силы и группы, присутствующие здесь сегодня, представляют собой различные союзы. Эти альянсы не объединены друг с другом в общих усилиях. Каждый союз представляет собой несколько разных расовых групп, сотрудничающих с целью получения доступа к ресурсам вашего мира и сохранения такого доступа. Эти различные союзы, по сути, конкурируют между собой, но они не находятся в состоянии войны друг с другом. Они смотрят на ваш мир как на желанную добычу.

Это создает очень серьезную проблему для ваших людей, так как силы, посещающие вас, не только обладают продвинутыми технологиями, но и сильной социальной сплоченностью, и они способны влиять на мысли в Ментальной Среде. Видите ли, в Великом Сообществе технологии приобретаются достаточно легко, и поэтому большим преимуществом среди конкурирующих обществ является возможность влиять на мысли. И это демонстрируется на очень высоком уровне. Это представляет собой набор навыков, которые человечество только лишь начинает для себя открывать.

В результате, пришельцы не появляются с большим вооружением или армадами военных судов. Они приходят относительно небольшими группами, но обладают значительным мастерством влияния на людей. Это представляет собой более сложное и зрелое применение силы в Великом Сообществе. Это именно та способность, которую человечество должно будет развивать в будущем, если оно хочет успешно соперничать с другими расами.

Пришельцы находятся здесь, чтобы сделать человечество лояльным. Они не собираются уничтожать человеческие учреждения или человеческое присутствие. Вместо этого, они хотят использовать их для собственной выгоды. Их намерение - использовать, а не разрушить. Они чувствуют, что вправе делать это, потому что верят, что спасают ваш мир. Некоторые даже считают, что они спасают человечество от самого себя. Но такая перспектива не служит вашим глобальным интересам и не способствует развитию мудрости или самоопределения человеческого рода.

Тем не менее, благодаря тому, что силы добра существуют в Великом Сообществе Миров, у вас есть союзники. Мы представляем собой голос ваших союзников, Союзников Человечества. Мы здесь не для того, чтобы использовать ваши ресурсы или забрать у вас то, чем вы обладаете. Мы не стремимся к превращению человечества в клиента или в колонию для наших собственных целей. Вместо этого мы хотим способствовать развитию силы и мудрости человечества. Именно это мы поддерживаем во всём Великом Сообществе.

Наша роль весьма существенна, и наша информация крайне необходима, потому что в настоящее время даже люди, знающие о присутствии пришельцев, не имеют представления об их намерениях. Люди не понимают методов пришельцев. И они не имеют представления об их этике и морали. Люди думают, что пришельцы представляют из себя либо ангелов, либо чудовищ. Но на самом деле, они очень похожи на вас в своих потребностях. Если бы вы могли видеть мир их глазами, вы бы поняли их сознание и их мотивацию. Но для этого вам пришлось бы выйти за рамки вашего собственного видения.

Пришельцы ведут четыре основных вида деятельности, чтобы иметь влияние в вашем мире. Каждый из этих видов деятельности является уникальным, но все они скоординированы друг с другом. Они проводятся потому, что человечество изучается уже давно. Человеческие мысли, человеческое поведение, человеческие религии и физиология человека изучаются уже в течение продолжительного времени. Они хорошо поняты пришельцами и будут использоваться для их собственных целей.

Первая сфера деятельности пришельцев-это влияние на людей, занимающих позиции силы и власти. Так как пришельцы не собираются уничтожить что-либо в вашем мире или нанести вред вашим ресурсам, то они стремятся оказать влияние на тех, кого они считают представителями власти, в первую очередь в правительстве и религии. Они ищут контактов, но только с определенными лицами. У них есть возможность наладить такие контакты, и они обладают силой убеждения. Из тех, с кем они вступают в контакт, им удастся привлечь на свою сторону не всех, но многих. Обещания бо́льшей власти, передовых технологий и возможности мирового господства заинтригуют и возбудят интерес многих людей. И именно с этими людьми пришельцы будут стремиться установить связь.

Очень мало людей в правительстве разных стран в это вовлечены, но их число растет. Пришельцы хорошо понимают иерархию власти, потому что они сами живут по ней, следуя определённой последовательности указаний. Они высоко организованы и очень сплочены в своих усилиях, и идея существования культур, полных свободно мыслящих людей, в значительной степени им чужда. Они не понимают и не признают свободу личности. Они, как и многие другие технологически развитые общества в Великом Сообществе, функционирующие как в своих мирах, так и в организациях во всём огромном пространстве космоса, используют очень хорошо установленные и жесткие формы правления и организации. Они считают, что человечество является хаотическим и неуправляемым, и они чувствуют, что привносят порядок в то, что они сами не могут понять. Индивидуальная свобода им неизвестна, и они не видят её значимости. В результате, та система, которую они стремятся установить в вашем мире, не будет уважать эту свободу.

Поэтому их первой сферой деятельности является установление связей с лицами в органах власти, обладающих влиянием для того, чтобы завоевать их лояльность и убедить в положительных аспектах отношений и в общности целей.

Второе направление деятельности, которое является, пожалуй, самым трудным для её понимания с вашей позиции,-это манипуляция религиозными ценностями и побуждениями. Пришельцы понимают, что наибольшая одарённость человечества также представляет из себя его наибольшую уязвимость. Человеческое страстное желание спасения представляет собой одно из величайших достояний человеческого рода, которое оно может предложить даже Великому Сообществу. Но это также и ваша слабость. И именно эти побуждения и эти ценности будут использоваться.

Несколько групп пришельцев хотят утвердиться в качестве духовных посредников, потому что они знают, как разговаривать через Ментальную Среду. Они могут общаться с людьми напрямую, и, к сожалению, так как очень мало людей в мире могут распознать разницу между духовным голосом и голосами пришельцев, ситуация становится очень трудной.

Таким образом, вторая сфера деятельности - формирование преданности людей через их религиозные и духовные мотивы. На самом деле это может быть сделано довольно легко, потому что человечество ещё не сильно развито в Ментальной Среде. Людям трудно различать, откуда происходят эти побуждения. Многие желают отдать себя всему, что, по их мнению, имеет бо́льшую силу и бо́льшую власть. Пришельцы смогут проецировать изображения – образы ваших святых, ваших учителей или ангелов – образы, которые дороги и святы в вашем мире. Они развивали эту способность в течение многих и многих веков, пытаясь воздействовать друг на друга и изучая способы влияния, которые практикуются во многих точках Великого Сообщества. Они считают вас примитивными и поэтому полагают, что могут оказывать подобное влияние и использовать эти методы на вас.

Они пытаются связаться с теми лицами, которые считаются чувствительными, восприимчивыми и естественно склонными к сотрудничеству. Многие люди будут отобраны, но лишь некоторые будут избраны на основе этих конкретных качеств. Пришельцы будут стремиться заполучить лояльность этих людей, завоевать их доверие и их преданность, говоря получателям информации, что пришельцы здесь для того, чтобы поднять человечество духовно, чтобы дать человечеству новую надежду, новые благословения и новую силу – в действительности обещая вещи, которые люди так страстно желают, но ещё не нашли сами. Вы можете задаться вопросом: «Как может такое произойти?» Но мы можем вас заверить, что это не так уж трудно, если вы приобретёте подобные навыки и способности.

Здесь прилагаются усилия, чтобы усмирить и перевоспитывать людей посредством духовного влияния. Эта «Программа Усмирения» используется по-разному в различных религиозных группах в зависимости от их идеалов и их темперамента. Она всегда нацелена на восприимчивых людей. Пришельцы надеются, что люди утратят способность различать и начнут полностью доверяться высшей силе, которая по их ощущению получена ими от пришельцев. Как только они приобретут эту лояльность, людям будет сложно отличить собственное знание от мыслей, которые им внушаются пришельцами. Это очень тонкая, но весьма распространённая форма влияния и манипуляции. Мы ещё будем говорить об этом дальше.

Теперь мы остановимся на третьей сфере деятельности, которая заключается в установлении присутствия пришельцев в вашем мире, чтобы люди привыкли к этому присутствию. Они желают, чтобы человечество привыкло к этим большим переменам, происходящим в вашей среде, – чтобы вы привыкли к физическому присутствию пришельцев и их влиянию на вашу Ментальную Среду. Для этой цели они будут создавать здесь учреждения, хотя и вне поля зрения. Эти учреждения будут скрыты, но они будут очень сильны в оказании влияния на человеческие поселения, находящиеся в непосредственной от них близости. Пришельцы будут проявлять большую осторожность и ждать необходимое время, чтобы убедиться, что эти учреждения являются эффективными и что достаточно большое количество людей относится к ним лояльно. Именно эти люди будут стоять на страже и охранять присутствие пришельцев.

Именно это и происходит в вашем мире в настоящий момент. Это представляет собой серьезную проблему и, к сожалению, большой риск. Именно то, что мы описываем, уже происходило много раз во многих точках Великого Сообщества. И развивающиеся расы, такие как ваша собственная, всегда наиболее уязвимы. Некоторые развивающиеся расы способны сами создать свою собственную осведомленность, умение и сотрудничество в достаточной степени, чтобы противостоять подобным внешним воздействиям и утвердить своё присутствие и позицию в Великом Сообществе. Тем не менее, многие расы, прежде чем они могут достичь такой свободы, попадают под контроль и влияние внешних сил.

Мы понимаем, что эта информация может вызвать у вас значительный страх и, возможно, отрицание или замешательство. Но из того, как мы видим события, нам понятно, что существует лишь немного людей, которые знают ситуацию и оценивают ее так, как она есть на самом деле. Даже люди, осознающие присутствие внеземных сил, не в состоянии оценить ситуацию в полной мере. И, будучи всегда полными надежды и оптимизма, они стремятся придать этому значительному феномену, насколько могут, максимально позитивный смысл.

Тем не менее Великое Сообщество является очень конкурентной и сложной средой. Те, кто участвуют в космических путешествиях, не обязательно являются духовно продвинутыми, потому что те, кто духовно развит, ищут изоляции от Великого Сообщества. Они не стремятся к торговле. Они не стремятся влиять на другие расы или вступать в сложные отношения, установленные для взаимной торговли и выгоды. Вместо этого духовно развитые расы стремятся оставаться скрытыми. Это, возможно, совсем другой уровень понимания, но крайне необходимый для того, чтобы вы смогли понять то весьма затруднительное положение, в котором находится человечество. Но это трудное положение содержит в себе и огромные возможности. Сейчас мы хотели бы поговорить именно об этом.

Несмотря на серьезность ситуации, которую мы описываем, мы не считаем, что эти обстоятельства являются трагедией для человечества. На самом деле, если эти обстоятельства могут быть признаны и поняты, и, если подготовка к Великому Сообществу, которое уже сейчас присутствует в мире, может быть правильно изучена, использована и применена, то люди доброй совести во всем мире будут иметь возможность изучить знания и мудрость Великого Сообщества. Таким образом, люди во всем мире смогут найти основу для взаимного сотрудничества, чтобы в человеческом роде наконец установилось единство, которое никогда раньше здесь не было создано. Это объединение человечества произойдёт благодаря противостоянию Великому Сообществу. И это противостояние происходит уже сейчас.

Вступление в Великое Сообщество разумной жизни-это ваша эволюция. Оно произойдет несмотря на то, готовы ли вы или нет. Оно должно произойти. Подготовка, таким образом, становится ключевым моментом: понимание и ясность того, что это именно те вещи, которые нужны и необходимы вашему миру в данный момент.

Люди во всем мире имеют великий духовный дар, который может дать им возможность ясно видеть и знать. Этот дар вам необходим сейчас. Он должен быть признан и совместно, и коллективно задействован. Это не является только лишь задачей одного великого учителя или великого святого в вашем мире. Сейчас это должно развиваться всё бóльшим количеством людей. Сложившаяся ситуация влечет за собой эту необходимость, и если эта необходимость будет принята, то она принесет с собой большие возможности.

Однако требования для того, чтобы познакомиться с Великим Сообществом и начать испытывать Духовность Великого Сообщества, огромны. Никогда раньше человечеству не приходилось учиться таким вещам за такой короткий период времени. В самом деле, крайне редко в прошлом кто-либо в вашем мире узнавал такие вещи. Но теперь такая необходимость наступила. Обстоятельства изменились. Новые влияния сейчас присутствуют в вашей среде, влияния, которые вы можете чувствовать, и о которых вы можете знать.

Пришельцы стремятся лишить людей возможности этого внутреннего видения и внутреннего Знания, так как сами пришельцы ими не обладают. Они не видят их значимости. Они не понимают их реальности. В этом отношении человечество в целом является более продвинутым, чем они. Но это лишь потенциал, тот потенциал, который сейчас необходимо развивать.

Внеземное присутствие растёт в вашем мире. Оно увеличивается с каждым днем, с каждым годом. Всё больше людей попадает под его влияние, теряет способность знать, приходить в замешательство и сбиваются с толку, верят тому, что их только ослабляет и делает бессильными перед лицом тех, кто стремится использовать их в своих целях.

Человечество является развивающейся расой. Оно уязвимо. Оно сталкивается в настоящее время с множеством обстоятельств и влияний, с которыми никогда не сталкивалось раньше. Вы только эволюционировали до уровня конкуренции друг с другом. Вам никогда не приходилось соперничать с другими формами разумной жизни. Тем не менее именно эта конкуренция укрепит вас и разовьёт ваши наивысшие качества, если ситуация будет ясно увидена и понята.

Ролью Невидимых Наставников является содействие развитию этой силы. Невидимые, которых вы справедливо назвали бы ангелами, говорят напрямую не только с человеческими сердцами, но и повсеместно с сердцами тех, кто способен слышать и кто обрёл свободу, чтобы слышать.

Таким образом, мы к вам пришли с тяжёлым посланием, но посланием, несущим обещание и надежду. Возможно, это не то послание, которое люди хотели бы услышать. И это, конечно, не то послание, которое пропагандировали бы пришельцы. Это послание, которое может передаваться от человека к человеку, и оно станет общим, потому что это естественный процесс. Однако пришельцы и те, кто попал под их влияние, будут против этого осознания. Они не хотят видеть человечество независимым. Это не их цель. Они даже не верят в то, что это принесет какую-либо пользу. Таким образом, наше искреннее желание состоит в том, чтобы эти идеи рассматривались без трепета, но с серьезным умом и глубокой озабоченностью, которые здесь вполне уместны.

Мы знаем, что в вашем мире есть много людей, кто знает, что грядут большие перемены для всего человечества. Невидимые сказали нам об этом. Многие события связываются с этим ощущением перемен. И множество результатов предсказаны. Тем не менее, до тех пор пока вы не начнёте понимать реальность того, что человечество вступает в Великое Сообщество разумной жизни, у вас не будет правильного контекста для понимания судьбы человечества и больших перемен, которые происходят в вашем мире.

С нашей точки зрения, люди рождаются в определённое время, чтобы служить этому времени. Таково есть учение Духовности Великого Сообщества, учение, студентами которого мы также являемся. Оно учит свободе и силе в достижении общей цели. Оно дает полномочия как отдельно взятому человеку, так и человеку, способному объединиться с другими, – идея, которая редко принимается или применяется в Великом Сообществе, так как Великое Сообщество-это не небесное царство. Это физическая реальность, с суровыми условиями выживания и со всем, что это влечёт за собой. Всем существам, находящимся в этой реальности, приходится сталкиваться с подобными нуждами и проблемами. И в этом пришельцы гораздо больше похожи на вас, чем вы предполагаете. Они не являются непонятными. Хотя они стремятся быть непостижимыми, тем не менее они могут быть поняты. Вы обладаете силой, чтобы этого достичь, но для этого вы должны видеть ясным взором. Вы должны обладать бо́льшим видением и бо́льшим интеллектом, а возможность их развития у вас есть.

Сейчас нам необходимо поговорить больше о второй сфере влияния и убеждения, так как это имеет большое значение, и мы искреннее желаем, чтобы вы поняли эти вещи и приняли их к своему сведению.

Религии мира играют ключевую роль в формировании человеческой верности и лояльности, бо́льшую чем правительства или любые другие учреждения. Это большая заслуга человечества, потому что подобные религии достаточно трудно найти в Великом Сообществе. Ваш мир богат в этом отношении, но именно там, где ваша сила, вы наиболее слабы и уязвимы. Многие люди жаждут божественного руководства и указаний, готовы отдать бразды правления собственной жизни и хотят, чтобы высшая духовная сила их направляла, консультировала и оберегала. Это весьма искреннее желание, но в контексте Великого Сообщества необходимо развить значительную мудрость, прежде чем это желание сможет быть исполнено. Нам очень печально видеть, что люди с такой лёгкостью отдают свои полномочия, которыми они даже никогда не владели сполна, отдают добровольно тем, кто им незнаком.

Данное послание предназначено людям, имеющим глубокую духовность. Поэтому необходимо, чтобы мы подробнее остановились на этой теме. Мы выступаем не за духовность, которая регулируется нациями, правительствами и политическими союзами, а за духовность, которая преподается в Великом Сообществе – естественную духовность – способность знать, видеть и действовать. И все же это не то, на что делают упор пришельцы. Они хотят, чтобы люди поверили, что пришельцы являются их семьёй, что пришельцы-это их дом, что пришельцы - это их братья и сёстры, матери и отцы. Многие люди хотят в это верить и верят. Люди хотят добровольно передать свои полномочия и поэтому их передают. Люди хотят найти друзей и спасение в пришельцах, а это именно то, что они пытаются нести в себе для вас.

Необходима трезвость и объективность, чтобы увидеть этот обман и эти трудности. И людям будет необходимо это сделать, если человечество хочет успешно вступить в Великое Сообщество, сохранив свою свободу и самоопределение в условиях бóльшего влияния и бóльших сил. Иначе ваш мир может быть завоёван без единого выстрела, так как насилие считается примитивным и грубым средством и редко используется в подобных вопросах.

Возможно, у вас возникает вопрос: «Означает ли это, что происходит вторжение в наш мир?» Надо сказать, что ответ на это звучит как «да» – это вторжение самого тонкого рода. Если вы можете остановиться на этой мысли и рассмотреть её серьёзно, то вы сами увидите очевидность этих вещей. Вторжение можно наблюдать повсеместно. Вы увидите, как способности человека подменяются желанием счастья, мира и безопасности; как человеческому видению и способности познавать мешают влияния даже своей собственной культуры. Насколько же больше будет это влияние в среде Великого Сообщества.

Послание, которое мы передаём, весьма тяжёлое. Это послание, которое должно быть высказано, это правда, которая должна быть произнесена, правда, имеющая жизненно важное значение, правда, которую должны знать все. Людям крайне необходимо сейчас приобрести бóльшее Знание, бóльшую Мудрость и бóльшую Духовность, чтобы они смогли открыть свои истинные способности и научиться использовать их эффективно.

Ваша свобода находится под угрозой. Будущее вашего мира находится под угрозой. Именно поэтому мы посланы сюда, чтобы говорить от имени Союзников Человечества. Во Вселенной существуют те, кто не дает Знанию и Мудрости угасать и кто практикует Духовность Великого Сообщества. Они не путешествуют повсеместно, оказывая влияние на разные миры. Они не похищают людей против их воли. Они не крадут ваших животных и растения. Они не осуществляют влияния на ваши правительства. Они не стремятся скрещиваться с человечеством с целью создания здесь нового руководства. Ваши союзники не вмешиваются в человеческие дела. Они не манипулируют человеческой судьбой. Они наблюдают издалека и посылают эмиссаров, таких, как мы, с огромным риском для нас самих, чтобы дать совет и оказать поддержку, а также прояснять отдельные вопросы, когда это становится необходимым. Поэтому мы пришли с миром, неся с собой жизненно важное послание.

Теперь мы должны поговорить о четвертой сфере деятельности, в которой пришельцы стремятся утвердиться благодаря межрасовому скрещиванию. Они не могут жить в вашей окружающей среде. Им нужна ваша физическая выносливость. Им нужна ваша естественная связь с этим миром. Они нуждаются в вашей репродуктивной способности. Они также хотят иметь связь с вами, так как понимают, что этим обретут ваше расположение. Это определённым образом утверждает их присутствие здесь, потому что потомство такой программы будет иметь родственные связи с вашим миром и одновременно создаст терпимость к пришельцам. Возможно вам это кажется невероятным, но тем не менее это очень реально.

Пришельцы здесь не для того, чтобы лишить вас вашей репродуктивной способности. Они здесь, чтобы утвердиться. Они желают, чтобы человечество им верило и служило. Они хотят, чтобы человечество на них работало. Они будут обещать, предлагать и делать всё, что потребуется для достижения этой цели. Тем не менее несмотря на огромную силу своего влияния, количество их невелико. Но их влияние растёт, и программа межрасового скрещивания, которая продолжается уже на протяжении нескольких поколений, в конечном итоге будет эффективной. Появятся человеческие существа с бо́льшим интеллектом, но не представляющие собой человеческий род. Такая ситуация возможна и происходила уже бесчисленное количество раз в Великом Сообществе. Вам достаточно лишь взглянуть на свою собственную историю, чтобы увидеть влияние культур и рас друг на друга и заметить, насколько доминирующими и влиятельными могут быть такие взаимодействия.

Таким образом, мы несём вам важные новости, серьёзные новости. Но вы должны набраться мужества, ибо сейчас не время для противоречий. Не время для бегства. Не время беспокоиться о своём личном счастье. Сейчас пришло время, чтобы внести свой вклад в мир, в укрепление человечества и чтобы задействовать естественные способности, существующие в людях, – способность видеть, знать и действовать в гармонии друг с другом. Эти способности смогут противостоять влиянию, под которое попало человечество в настоящее время. И эти способности должны развиваться и передаваться. Это имеет первостепенное значение.

Это наш совет. Он предоставлен с благими намерениями. Радуйтесь, что у вас есть союзники в Великом Сообществе, ибо союзники вам нужны. Вы вступаете в бо́льшую Вселенную, полную сил и влияний, которым вы еще не научились противодействовать. Вы входите в более обширную панораму жизни. И вы должны быть к этому подготовлены. Наши слова являются лишь частью подготовки. И подготовка послана сейчас в ваш мир. Она не от нас. Она исходит от Творца всей жизни. Она послана в нужное время. Именно сейчас настало время для человечества, чтобы стать сильным и мудрым. У вас есть возможность это сделать. События и обстоятельства вашей жизни создают огромную в этом потребность.

Вызов Человеческой Свободе

Человечество приближается к очень опасному и очень важному моменту своего коллективного развития. Вы находитесь на грани вступления в Великое Сообщество разумной жизни. Вы будете сталкиваться с расами иных существ, приходящих в ваш мир с целью преследования своих собственных интересов и с целью выявления возможностей, которые могут их ждать впереди. Они не ангелы и не ангельские существа. Они не являются духовными сущностями. Это существа, приходящие в ваш мир ради ресурсов, для создания союзов, и чтобы заполучить преимущества в новом, формирующемся мире. Они не являются злом. Они не являются святыми. В этом они очень похожи на вас. Они просто побуждаемы своими потребностями, своими связями, своими верованиями и своими коллективными целями.

Сейчас очень значительный момент для человечества, но человечество к нему не готово. С нашей позиции мы видим это в более широком масштабе. Мы не вмешиваемся в повседневную жизнь людей в вашем мире. Мы не пытаемся влиять на ваши правительства, претендовать на отдельные части вашего мира или определенные ресурсы, существующие здесь. Вместо этого мы лишь наблюдаем за вами и желаем сообщить вам результаты этих наблюдений, потому что именно в этом заключается наша миссия здесь.

Невидимые сообщили нам, что уже сегодня существует много людей, чувствующих странный дискомфорт, имеющих ощущение неопределённого беспокойства и чувство, что что-то произойдёт и что нужно что-то делать. Возможно, нет ничего в их повседневной сфере деятельности, что оправдывало бы эти глубокие переживания, что подтвердило бы эти ощущения. Мы можем это понять, так как сами прошли через подобное в нашей истории. Мы представляем несколько рас, объединившихся в маленький союз, чтобы поддерживать проявление Знания и Мудрости во Вселенной, в частности, у рас, стоящих на пороге вступления в Великое Сообщество. Такие новые расы особенно уязвимы для инопланетного влияния и манипуляций. Они очень уязвимы из-за непонимания своего положения, и, вполне понятно, насколько им может быть трудно понять смысл и всю сложность жизни в Великом Сообществе. Вот почему мы желаем внести свой небольшой вклад в вопрос подготовки и воспитания человечества.

В нашем первом отчёте мы дали обширное описание участия пришельцев в четырех сферах деятельности. Первой сферой является влияние на лиц, занимающих важные позиции в органах власти и правительстве, а также стоящих во главе религиозных институтов. Вторая сфера деятельности — это влияние на людей, имеющих духовные склонности и желающих открыть себя высшим силам, существующим во Вселенной. Третьей сферой деятельности является создание пришельцами учреждений в стратегически важных точках вашего мира, вблизи населенных пунктов, где может осуществляться их влияние на Ментальную Среду. И в заключении мы говорили о их программе межрасового скрещивания с человечеством – программе, которая продолжается уже довольно долго.

Мы хорошо понимаем, насколько тревожной может быть эта новость и каким возможным разочарованием она может стать для множества людей, возлагавших большие надежды надежды на то, что пришельцы извне принесут благословение и огромную пользу человечеству. Возможно, это является естественным предполагать и ожидать такие вещи, но Великое Сообщество, в которое человечество вступает, является сложной и конкурентной средой, особенно в тех регионах Вселенной, где множество различных рас соперничают друг с другом и взаимодействуют для торговли и коммерции. Ваш мир существует именно в таком регионе. Это может показаться невероятным, потому что вам всегда представлялось, что вы живёте изолированно, в одиночестве среди огромной пустоты космоса. Но на самом деле вы живете в населенном регионе Вселенной, где торговля и коммерция уже созданы и где традиции, взаимодействия и связи давно установлены. Вашим преимуществом является то, что вы живете в прекрасном мире – мире огромного биологического разнообразия, в великолепном месте, так отличающемся от бедности множества других миров.

Именно это делает вашу ситуацию весьма неопределённой и представляет собой реальную угрозу, потому что вы обладаете тем, что многие другие хотели бы иметь для себя. Они стремятся не к вашему уничтожению, а к вашей лояльности и сотрудничеству, чтобы ваше существование в этом мире и ваша деятельность здесь могли бы служить их интересам. Вы вступаете в сформировавшиеся и сложные обстоятельства. Вы не можете вести себя, как маленькие дети, веря и надеясь на благословение всех тех, с кем вы столкнётесь. Вы должны стать мудрыми и проницательными, как нам пришлось стать мудрыми и проницательными в ходе нашей трудной истории. Теперь человечеству предстоит узнать об обычаях Великого Сообщества, о тонкостях взаимодействия между расами, о сложностях торговли и об искусных манипуляциях альянсов и союзов, установленных между различными мирами. Это трудный, но важный момент для человечества, время хороших перспектив, но при условии, что может быть проведена определенная подготовка.

В этом нашем втором отчёте, мы хотели бы поговорить более подробно о вмешательстве различных групп пришельцев в человеческие дела, что это может означать и какие проблемы могут возникнуть. Мы пришли не для устрашения, а для того, чтобы пробудить чувство ответственности, чтобы породить бо́льшую осведомленность и поддержать подготовку к той более значимой жизни, в которую вы вступаете – жизни с различными проблемами и высокими требованиями.

Мы посланы сюда благодаря духовной силе и присутствию Невидимых Наставников. Возможно, вы будете думать о них по-дружески, как об ангелах, но в Великом Сообществе роль их значительна, и их участие и союзы осмыслены. Их духовная сила присутствует здесь, чтобы благословлять живые существа во всех мирах и во всех точках, а также содействовать развитию более глубокого Знания и Мудрости, которые делают возможным появление мирных отношений, как между мирами, так и внутри миров. Мы здесь от их имени. Они попросили нас прибыть сюда. И именно они дали нам много информации, которой мы сегодня владеем и которую мы не смогли бы собрать сами. От них мы узнали многое о вашем характере. Мы узнали многое о ваших способностях, ваших сильных сторонах и слабостях, и о вашей большой уязвимости. Мы можем хорошо понять эти вещи, так как миры, из которых мы явились, также преодолели этот великий барьер вступления в Великое Сообщество. Мы многому научились и многое пережили из-за собственных ошибок, ошибок, которые, мы надеемся, человечеству удастся избежать.

Мы пришли, неся с собой не только наш собственный опыт, но и более глубокое понимание и глубокое чувство предназначения, данные нам Невидимыми Наставниками. Мы наблюдаем за вашим миром из близлежащей точки космоса, и мы следим за коммуникацией тех, кто вас посещает. Мы знаем, кто они такие. Мы знаем, откуда они явились и почему они здесь. Мы не конкурируем с ними, так как мы здесь не для того, чтобы эксплуатировать ваш мир. Мы рассматриваем себя в качестве Союзников Человечества и надеемся, что со временем и вы будете считать нас таковыми, так как мы ими в действительности являемся. И хотя мы не можем доказать это, мы всё же надеемся продемонстрировать это посредством наших слов и мудрости. Мы надеемся подготовить вас к будущему. Мы пришли с нашей миссией в срочном порядке, так как человечество отстаёт в своей подготовке к Великому Сообществу. Многие ранние попытки десятилетия назад вступить в контакт с землянами и подготовить людей к их будущему оказались безуспешными. Лишь с немногими людьми удавалось связаться, и, как мы уже говорили, многие из этих контактов были неправильно истолкованы и использованы другими для различных целей.

Таким образом, мы были отправлены на место тех, кто приходил до нас, чтобы предложить свою помощь человечеству. Мы работаем вместе над нашим общим делом. Мы не представляем огромную военную мощь, а более тайный и священный союз. Мы не хотим, чтобы род взаимодействий, существующий в Великом Сообществе, происходил в вашем мире. Мы не хотим, чтобы человечество стало всего лишь клиентом более обширной сети сил. Мы не хотим видеть человечество, теряющим свою свободу и самоопределение. Это реальный риск. Настоятельно рекомендуем вам относиться серьезно к нашим словам, без страха, если это возможно, и с той убежденностью и решимостью, которая, мы знаем, присутствует во всех человеческих сердцах.

Сегодня, завтра и послезавтра будет разворачиваться большая деятельность, и ее будут продолжать проводить с целью создания сети влияния на человеческую расу те, кто посещает ваш мир, преследуя свои цели. Они считают, что явились сюда, чтобы спасти этот мир от людей. Некоторые даже считают, что они здесь, чтобы спасти человечество от самого себя. Они чувствуют, что правы, и не считают, что их действия являются неприемлемыми и неэтичными. Следуя своей собственной этике, они делают то, что считают разумным и необходимым. Тем не менее такой подход не может быть оправдан с точки зрения свободолюбивых существ.

Мы наблюдаем за растущей активностью пришельцев. Их количество растёт с каждым годом. Они прибывают издалека. Они занимаются поставками всего необходимого. Они углубляют свои взаимодействия и вовлечённость. Они устанавливают станции связи во многих местах вашей Солнечной системы. Они наблюдают за всеми вашими первоначальными вылазками в космическое пространство, и они будут противодействовать, уничтожая всё, что, по их мнению, может вмешиваться в их деятельность. Они стремятся установить контроль не только над вашей планетой, но и над окружающим космическим пространством. И это потому, что здесь присутствуют конкурирующие между собой силы. Каждая из них представляет собой альянс нескольких рас.

Теперь обратимся к последней из четырёх сфер деятельности, о которой мы говорили в нашем первом отчёте. Это связано со скрещиванием пришельцев с человеческим родом. Разрешите в первую очередь немного преподать вам урок из истории. Много тысяч лет назад, по вашему летоисчислению, несколько рас явились к вам для скрещивания с человечеством, чтобы дать человеку более высокий интеллект и способность к адаптации. Это привело к довольно внезапному появлению того, что, как мы понимаем, называется «Современный Человек». Это дало вам господство и власть в вашем мире. И произошло это очень давно.

Тем не менее программа межрасового скрещивания, происходящая сейчас, уже совершенно иная. Она ведётся другими существами и другими союзами. Посредством скрещивания они пытаются создать человека, который станет частью их общества, но способного выжить в вашем мире и имеющего естественное родство с этим миром. Пришельцы не могут жить на поверхности вашего мира. Они вынуждены либо укрываться под землей, что они и делают, либо жить на борту своих кораблей, которые они часто держат спрятанными в больших подводных пространствах. Они стремятся скреститься с человечеством для защиты здесь своих интересов, которыми, прежде всего, являются ресурсы вашего мира. Они заботятся о развитии в человеке верности их целям, и для этого, уже на протяжении нескольких поколений, они проводят программу межрасового скрещивания, которая в течение последних двадцати лет стала довольно обширной.

Их цель двояка. Во-первых, как мы уже упоминали, пришельцы хотят создать человекоподобное существо, способное жить в вашем мире, но которое будет связано с ними и которое будет иметь более совершенные способности. Второй целью этой программы является оказание влияния на всех, с кем они сталкиваются, и побуждение людей помогать им в их деле. Пришельцы хотят человеческой помощи, так как в ней нуждаются. Это способствует дальнейшему развёртыванию их программы во всех отношениях. Вы для них ценны, но они не считают вас равными себе. Они воспринимают вас лишь как полезных. Таким образом, у всех, с кем они сталкиваются, и у всех, кого они похищают, пришельцы будут стремиться породить чувство их превосходства, их ценность и значимость, и важность их усилий в вашем мире. Пришельцы будут говорить всем, с кем вступают в контакт, что они здесь для блага, и они будут уверять тех, кого они захватили, что не нужно их бояться. И с теми, кто окажется особенно восприимчивыми, они будут пытаться создавать альянсы – чувство общей цели и даже чувство родства, общего культурного наследия и судьбы.

В рамках своей программы, пришельцы очень глубоко изучали человеческую физиологию и психологию, и они будут использовать желания людей, особенно те, которые они не смогли осуществить сами, как, например, желание мира и порядка, красоты и спокойствия. Это все будет предложено людям, и некоторые из них поверят. Остальные будут просто использоваться по необходимости.

Здесь нужно понимать, что пришельцы считают все эти действия вполне уместными в целях сохранения вашего мира. Они чувствуют, что оказывают человечеству большую услугу, и поэтому они искренни в своих убеждениях. К сожалению, это лишь демонстрирует правду Великого Сообщества – истинная Мудрость и истинное Знание так же редки во Вселенной, как и в вашем мире. Это вполне естественно для вас надеяться и ждать, что другие расы в своём развитии преодолели коварство, эгоистичные порывы, конкуренцию и конфликты. Но, увы, это не так. Более передовая технология не развивает психическую и духовную силу личности.

Сегодня есть много людей, которые были неоднократно похищены против их воли. Так как человечество очень суеверно и стремится отрицать то, что не может понять, то эта прискорбная деятельность продолжает осуществляться с большим успехом. Даже сейчас существуют гибридные особи: частично люди, частично инопланетяне, ходящие по вашей планете. Сейчас их не так много, но их количество будет расти в будущем. Возможно, вы однажды встретитесь с одним их них. Они будут выглядеть так же, как вы, но тем не менее будут иными. Вы подумаете, что они являются человеческими существами, но что-то важное будет казаться отсутствующим в них, - то, что ценится в вашем мире. Вполне возможно приобрести способность различать и идентифицировать этих людей, но для этого вам придется стать специалистом в Ментальной Среде и узнать, что значит Знание и Мудрость в Великом Сообществе.

Мы считаем, что обучение этому имеет огромное значение, потому что мы видим всё происходящее в вашем мире с нашей позиции, и Невидимые дают нам свой совет касательно вещей, которых мы не можем видеть или к которым не можем иметь доступ. Мы понимаем ход этих событий, так как они происходили бесчисленное количество раз в Великом Сообществе, когда влияние оказывалось на расы, являющиеся либо слишком слабыми, либо слишком уязвимыми и не способными принять эффективные ответные меры.

Мы надеемся и верим, что ни один из вас, услышавший это послание, не будет думать, что это вторжение в человеческую жизнь несёт с собой пользу. Тех, кто находится под влиянием, будут заставлять думать, что эти встречи полезны, как для них самих, так и для всего мира. Духовные устремления людей, их желание мира и гармонии, семьи и сопричастности будут использоваться пришельцами. Эти вещи, представляющие собой нечто особенное для человеческого рода, являются признаком вашей большой уязвимости при отсутствии мудрости и подготовки. Только люди, сильные в Знании и Мудрости, способны увидеть обман, скрытый за этим влиянием. Только они в состоянии различить ложь, преподносимую человеческой семье. Только они могут защитить свои умы от влияния, посылаемого в настоящее время в Ментальную Среду во многих точках мира. Только они будут видеть и знать.

Одних только наших слов не будет достаточно. Мужчины и женщины должны научиться видеть и понимать сами. Мы можем только лишь поддерживать это. Наше появление здесь в вашем мире произошло в соответствии с представлением учения Духовности Великого Сообщества, так как подготовка уже присутствует сейчас, и именно поэтому мы можем быть источником вдохновения. Если бы подготовки ещё не было, то мы бы знали, что наши предостережения и поддержка не были бы своевременными. Творец и Невидимые желают подготовить человечество к Великому Сообществу. По сути, это является наиболее острой необходимостью для человечества в настоящее время.

Поэтому мы призываем вас не верить, что похищения людей, их детей и членов семей несут вообще какую-либо пользу для человечества. Мы обязаны особенно подчеркнуть это. Ваша свобода дорога́. Ваша индивидуальная свобода и ваша свобода как расы драгоценны. Нам самим пришлось в течение очень долгого времени восстанавливать нашу свободу. Мы не хотим, чтобы вы потеряли свою.

Программа межрасового скрещивания, происходящая в мире, будет продолжаться. Единственный способ, которым она может быть остановлена, — это развитие людьми бо́льшей осознанности и чувства внутренней уверенности. Только это приведет к концу подобного вторжения. Только это может раскрыть обман, стоящий за ним. Нам трудно представить, как ужасно тяжело приходится вашим людям, тем мужчинам и женщинам, тем малышам, которые проходят через этот опыт, это перевоспитание, это усмирение. По нашим понятиям это кажется отвратительным, но мы не знаем, что такие вещи происходят в Великом Сообществе и происходили ещё с незапамятных времён.

Возможно, наши слова будут вызывать всё больше и больше вопросов. Это здоровая и естественная реакция, но мы не можем ответить на все ваши вопросы. Вы должны найти способы, чтобы самим получить ответы. Но вы не сможете это сделать без подготовки, и вы не сможете это сделать без ориентировки. В настоящее время человечество в целом, как мы понимаем, не может отличить демонстрации Великого Сообщества от подлинных духовных проявлений. Это действительно сложная ситуация, потому что пришельцы могут проецировать мысленные картины в ваш ум, они могут говорить с людьми через Ментальную Среду и их голоса могут быть восприняты и выражены через людей. Они могут оказывать такое влияние, потому что человечество еще не имеет подобных навыков и проницательности.

Человечество не объединено. Оно разбито на части. Оно находится в противоречии само с собой. Это делает вас крайне уязвимыми для внешнего вмешательства и манипуляций. Пришельцы хорошо понимают, что ваши духовные устремления и склонности делают вас крайне уязвимыми и, таким образом, особенно доступными для использования. Так трудно достичь истинной объективности в отношении этих идей. Даже там, откуда мы пришли, это было большой проблемой. Но тем, кто хотел бы остаться свободным и сохранить своё самоопределение в Великом Сообществе, необходимо развивать эти навыки и крайне важно сохранять свои ресурсы, чтобы избежать необходимости искать их у других. Если ваш мир потеряет свою самодостаточность, то он потеряет значительную часть своей свободы. Если вам придётся выйти за пределы вашего мира в поисках ресурсов, необходимых для жизни, то вы отдадите большую часть ваших сил другим. Поскольку ресурсы вашего мира быстро истощаются, это вызывает серьезную озабоченность у тех из нас, кто наблюдает издалека. Кроме того, это вызывает озабоченность у пришельцев, так как они хотят предотвратить разрушение окружающей среды, но не для вас, а для самих себя.

Программа межрасового скрещивания имеет только одну цель - установить присутствие пришельцев и их доминирующее влияние в вашем мире. Не думайте, что пришельцам нужно получить от вас что-то другого, кроме как ваших ресурсов. Не думайте, что они нуждаются в ваших человеческих качествах. Они лишь хотят, чтобы ваши человеческие качества обеспечили им стабильную позицию в вашем мире. Не обольщайтесь. Не позволяйте себе подобных мыслей. Они являются необоснованными. Если вы сможете научиться видеть ситуацию четко, как она есть, то вы увидите происходящее и узнаете все сами. Вы поймете, почему мы здесь и почему человечество нуждается в союзниках в Великом Сообществе разумной жизни. И вы увидите важность приобретения бо́льшего Знания и Мудрости и изучения Духовности Великого Сообщества.

Так как вы вступаете в окружение, где эти вещи становятся жизненно важными для достижения успеха, свободы, счастья и силы, вам понадобится больше Знания и Мудрости для того, чтобы утвердить себя в качестве независимой расы в Великом Сообществе. Тем не менее, ваша независимость теряется с каждым днем. И вы не можете видеть потери своей свободы, хотя, возможно, вы можете почувствовать это неким образом. Как вы могли бы это увидеть? Вы не можете выйти за пределы вашего мира и стать свидетелями событий, происходящих в окружающем пространстве. У вас нет доступа к политической и коммерческой деятельности чужих сил, оперирующих сегодня в вашем мире, чтобы понять их сложность, моральные принципы и ценности.

Никогда не думайте, что какая-либо раса во Вселенной, путешествующая в коммерческих целях, является духовно продвинутой. Те, кто ищут коммерцию, ищут выгоду. Те, кто путешествует из мира в мир, кто разыскивает ресурсы, кто стремятся установить свои флаги, не являются теми, кого вы сочли бы духовно развитыми. Мы не рассматриваем их таковыми. Существует мирская сила и духовная сила. Вы можете понять разницу между этими вещами, и теперь вам необходимо увидеть эту же разницу в более широком масштабе бо́льшего окружения.

Таким образом, мы пришли с чувством ответственности и мощным стимулом для вас, чтобы сохранить вашу собственную свободу, чтобы стать сильными и проницательными и не поддаваться на уговоры и обещания мира, власти и сопричастности со стороны тех, кого вы не знаете. И не позволяйте себе утешаться, думая, всё хорошо закончится для человечества или даже для вас лично, потому что это не есть Мудрость. Ибо Мудрые, находясь в любом месте, должны учиться видеть реальность жизни вокруг себя и учиться вести переговоры с этой жизнью в полной мере.

Поэтому, получите нашу поддержку. Мы ещё будем говорить об этих вопросах и проиллюстрируем особую важность проницательности и осмотрительности. И мы будем далее говорить о деятельности пришельцев в вашем мире в тех областях, которые являются очень важными для вашего понимания. Мы надеемся, что вы сможете принять и понять это.

Важное Предупреждение

Мы очень хотели бы поговорить с вами больше о делах вашего мира и, если это возможно, помочь вам увидеть то, что мы видим, находясь в выгодном положении. Мы понимаем, что это трудно принять и что это вызовет сильное беспокойство и озабоченность, но вы должны быть информированы.

Ситуация, с нашей точки зрения, очень серьезна, и мы считаем, что если люди не будут правильно информированы, то это может привести к огромному несчастью. В мире, где вы живете, а также во многих других мирах, существует так много обмана, что истина, хотя явная и очевидная, остаётся скрытой, и её знаки и сообщения остаются незамеченными. Мы надеемся, что наше присутствие может содействовать прояснению картины и поможет вам и другим увидеть то, что происходит в действительности. В нашем восприятии нет компромиссов, потому что мы были отправлены засвидетельствовать именно то, что мы описываем.

Со временем, возможно, вы сможете осознать эти вещи сами, но у вас нет времени для этого. Оно истекает. Подготовка человечества к появлению сил Великого Сообщества значительно отстает от графика. Многие важные люди не отреагировали. И вторжение в ваш мир ускорилось и происходит гораздо быстрее, чем первоначально считалось возможным.

Мы пришли, не имея достаточно времени в запасе, мы пришли с призывом, чтобы вы поделились этой информацией. Как мы уже подчёркивали в наших предыдущих посланиях, в настоящее время происходит проникновение в ваш мир, и Ментальная Среда программируется и подготавливается. Намерением является не искоренение человеческих существ, а их использование в качестве рабочих для создания бо́льшего «коллектива». Учреждения вашего мира и, безусловно, окружающая природная среда ценятся, и пришельцы отдают предпочтение их сохранению для собственного использования. Они не могут жить здесь, поэтому, чтобы сформировать вашу покорность, они используют много разных методов, которые мы описывали. В нашем отчёте мы будем продолжать вносить ясность в эти понятия.

Наше появление здесь срывалось из-за ряда факторов, далеко не последним из которых является отсутствие готовности у тех, с кем мы должны общаться напрямую. Наш проводник, автор этой книги, является единственным, с кем нам удалось установить прочный контакт. Есть ещё другие люди, которые подают надежды, но мы должны передать основную информацию через нашего проводника.

С точки зрения пришельцев, как нам стало известно, Соединенные Штаты считаются мировым лидером, и поэтому наибольшее внимание будет уделяться именно им. Но и с другими крупными странами также будут вступать в контакт, так как они признано обладают властью, а пришельцы понимают это, потому что они сами, не задавая вопросов, следуют повелениям власти в гораздо большей степени, чем это проявляется в вашем мире.

Будут предприниматься попытки повлиять на лидеров сильнейших наций, чтобы они становились терпимыми к присутствию пришельцев и принимали подарки судьбы для сотрудничества, обещающие взаимную выгоду и даже мировое господство. В коридорах власти мира найдутся те, кто отреагирует на эти стимулы, ибо они будут думать, что это предоставляет прекрасную возможность вывести человечество за пределы опасности ядерной войны в новую форму сообщества на Земле, сообщества, которым они будут управлять в своих целях. Тем не менее, этих лидеров введут в заблуждение, потому что им не будут переданы ключи от этой реалии. Они просто будут арбитрами в процессе смены власти.

Вам необходимо это понять. Это не так сложно. С нашей точки зрения, это очевидно. Мы видели, как это происходило в других местах. Это один из способов, с помощью которого расы, объединённые в организации и имеющие свои собственные коллективы, вербуют новые миры, такие как ваш. Они твёрдо верят, что их программа является добродетельной и осуществляется лишь на благо вашего мира, так как человечество не пользуется большим уважением. И хотя вы имеете определённые хорошие качества, с их точки зрения, ваши обязательства намного превышают имеющиеся у вас возможности. Мы не придерживаемся этой точки зрения, иначе мы не предлагали бы вам свои услуги в качестве Союзников Человечества.

Поэтому проницательность теперь - большое дело. Трудность для человечества состоит в том, чтобы понять, кто же является их союзниками, и чтобы суметь их отличать от своих потенциальных противников. В этом вопросе нет нейтральной стороны. Ваш мир слишком ценен, его ресурсы признаны уникальными, они представляют значительную ценность. Нет нейтральных сторон среди тех, кто вовлечён в человеческие дела. Истинная суть инопланетного Вторжения заключается в оказании влияния и осуществлении контроля и, по возможности, в установлении здесь полного владычества.

Мы не пришельцы. Мы наблюдатели. Мы не претендуем ни на какие-либо права в вашем мире, и у нас нет планов здесь оставаться. По этой причине имена наши скрыты, так как мы не стремимся вступать в отношения с вами, выходящие за пределы наших полномочий, мы лишь даем вам наш совет. Мы не можем контролировать результат. Мы можем только вам советовать касательно выбора и решений, которые вашим людям придётся принимать самим в свете этих больших событий.

Человечество создало богатое духовное наследие и имеет хорошие перспективы, но лишено образования относительно Великого Сообщества, в которое оно вступает. Человечество разделено и пребывает во внутренних спорах, что делает его уязвимым для манипуляций и вторжения из-за пределов ваших границ. Ваши народы озабочены сегодняшними проблемами и не признают реальность завтрашнего дня. Какую вообще выгоду вы можете получить, игнорируя это значительное изменение в мире и предполагая, что Вторжение, происходящее сегодня, несёт с собой пользу? Конечно, ни один из вас не мог бы утверждать подобное, если бы вы видели реальное положение дел.

В некотором смысле это спорный вопрос. Мы видим, в то время, когда вы нет, потому что у вас отсутствует необходимый кругозор. Вы должны находиться за пределами вашего мира, вне сферы влияния вашего мира, чтобы увидеть то, что видим мы. И все же, чтобы видеть то, что мы видим, нам приходится оставаться скрытыми, потому что если бы нас обнаружили, то мы бы, несомненно, погибли. Так как пришельцы считают, что их миссия здесь имеет наиважнейшее значение, тат как они рассматривают Землю в качестве одного из самых перспективных проектов среди других. Они не остановятся из-за нас. Именно свою собственную свободу вы должны ценить и защищать. Мы не можем сделать это за вас.

Каждый мир, если он стремится сформировать своё единство, свободу и самоопределение в Великом Сообществе, должен утвердить эту свободу и защищать её при необходимости. В противном случае, чужое доминирование, безусловно, случится и будет полным.

Почему пришельцы так заинтересованы в вашем мире? Это весьма очевидно: они заинтересованы не в вас лично, а в биологических ресурсах вашего мира и в стратегическом положении этой солнечной системы. Вы полезны для них лишь постольку, поскольку эти вещи ценятся и могут быть использованы. Они предложат вам то, что вы хотите, и будут говорить то, что вы желаете услышать. Они будут вас поощрять и будут использовать ваши религии и религиозные идеалы для укрепления доверия и уверенности в том, что они больше, чем вы, понимают нужды вашего мира и могут служить вам, чтобы создать здесь мир спокойствия. Из-за того, что человечество кажется неспособным установить единство и порядок, многие люди откроют свои умы и сердца тем, кто, по их мнению, будет иметь более широкие возможности для этого.

Во втором отчёте мы вкратце рассказывали о программе межрасового скрещивания. Некоторые уже слышали об этом явлении и, как мы понимаем, состоялась некоторая дискуссия по этому поводу. Невидимые сообщили нам, что осознание того, что такая программа существует, растет, но к сожалению, люди не в состоянии увидеть очевидные последствия, отдаваясь своим предпочтениям в этом вопросе и оставаясь слабо подготовленными, чтобы самостоятельно справиться с тем, что вмешательство может с собой принести. Очевидно, что программа скрещивания представляет собой попытку соединить адаптационные способности человечества к физическому миру с групповым умом и коллективным сознанием пришельцев. Такое потомство будет в идеальной позиции, чтобы обеспечить новое руководство для человечества, руководство, рождённое намерением пришельцев и их действием. Такие люди имели бы родственные отношения в вашем мире. Они были бы связаны с ними и приняли бы их присутствие. И все же, ни их умы, ни их сердца, не были бы с вами. И хотя они смогут наверняка посочувствовать вам в вашем положении, и тому, к чему это вас приведет, у них не будет личных полномочий, так как они не подготовлены в Пути Знания и Проницательности, чтобы вам помочь или чтобы противостоять коллективному сознанию, способствовавшему их появлению здесь и давшему им жизнь.

Видите ли, свобода личности не ценится пришельцами. Они считают это безрассудным и безответственным. Они понимают только своё коллективное сознание, которое они видят как привилегированное и благословенное. И все же они не могут получить доступ к истинной духовности, которая называется Знанием во Вселенной, потому что Знание рождается из индивидуального самопознания и проявляется через отношения высокого уровня. Ни одно из этих явлений не присутствует в социальной структуре пришельцев. Они не могут думать сами за себя. Их воля не является только их личной. И поэтому, естественно, они не могут уважать перспективы развития этих двух великих явлений в вашем мире. И они, конечно, не в состоянии поддерживать проявление подобных вещей. Они ищут лишь подчинение и покорность. И духовные учения, которым они будут способствовать в вашем мире, будут служить только тому, чтобы сделать людей уступчивыми, открытыми и ничего не подозревающими для того, чтобы заручиться доверием, которого никогда никто ранее не добивался.

Мы видели подобное раньше в других местах. Мы видели, как целые миры попадали под контроль таких коллективов. Существует много таких коллективов во Вселенной. Так как такие коллективы занимаются межпланетной торговлей и охватывают обширные регионы, то они придерживаются строгого подчинения, без отклонений. Среди них не существует никакой индивидуальности, по крайней мере, в той форме, которую вы могли бы понять.

Мы не уверены, что сможем привести вам пример из вашего собственного мира для сравнения, но нам было сказано, что существуют коммерческие интересы, охватывающие целые культуры в вашем мире, обладающие огромной силой, и в то же время, управляемые лишь несколькими людьми. Возможно, это хорошая аналогия того, что мы описываем. Однако то, о чём мы говорим, является намного более мощным, проникающим и хорошо организованным, чем всё, что вы могли бы найти в вашем мире для сравнения.

То, что страх может стать разрушительной силой, является правдой, действительной для разумной жизни повсеместно. Тем не менее, страх служит одной и только одной цели, если он воспринимается правильно, – это информирование вас о наличии опасности. Мы обеспокоены, такова природа нашего страха. Мы понимаем, что находимся под угрозой. Такова природа нашего беспокойства. Ваш страх рождается от того, что вы не знаете, что происходит, и это разрушительный страх. Это страх, который не может вас укрепить или помочь вам ощутить необходимость понять то, что происходит в вашем мире. Если вы сможете стать информированными, то страх превратится в озабоченность, а озабоченность превратится в конструктивные действия. Мы не знаем, как по-другому это описать.

Программа межрасового скрещивания проводится весьма успешно. По вашей Земле уже ходят те, кто родились от сознания пришельцев и их коллективного усилия. Они не могут находиться здесь в течение длительного времени, но через несколько лет они уже смогут жить на поверхности вашего мира постоянно. Совершенство их генной инженерии будет таким, что они будут казаться лишь незначительно отличающимися от вас, больше в своей манере поведения, чем внешностью, и до такой степени, что они, скорее всего, останутся незамеченными и неузнанными. Но они будут иметь более высокие умственные способности. И это даст им такое преимущество, что вам не возможно будет сравниться, если вы не прошли подготовку в Пути Проницательности.

Такова более обширная реальность, в которую человечество вступает – Вселенная, полная чудес и ужасов, Вселенная, построенная на влиянии и конкуренции, Вселенная, заполненная Благодатью, похожая на ту, что присутствует в вашем собственном мире. Здесь нет Рая, которого вы ищете. Зато присутствуют те силы, с которыми вы должны бороться. Это самый большой барьер, который вашей расе когда-либо приходилось преодолевать. Каждый член нашей группы сталкивался с этим в своём собственном мире, и было множество неудач и лишь редкие успехи. Расы существ, стремящихся сохранить свою свободу и уединение, должны стать сильными и объединёнными, и, скорее всего, они в очень большой степени должны ограничить свои взаимодействия с Великим Сообществом для того, чтобы защитить эту свободу.

Если вы поразмышляете об этом, то, возможно, придёте к такому же заключению на примере вашего собственного мира. Невидимые нам многое рассказали о вашем духовном развитии и имеющемся большом потенциале, но они также нас предупредили, что ваши духовные склонности и идеалы в настоящее время усиленно манипулируются. Целые учения внедряются сейчас в ваш мир, обучающие человека молчаливому согласию, подавлению критического мышления и придаванию значения только тому, что приятно и комфортно. Эти учения даны, чтобы люди не смогли самостоятельного идти к Знанию, пока они не дойдут до точки, в которой почувствуют, что они полностью зависят от высших сил, которые они даже не в состоянии распознать. С этого момента они будут следовать всему, что им приказано делать, и даже если они осознают, что что-то не так, то они больше не в силах будут сопротивляться.

Человечество длительное время жило в изоляции. Возможно, оно полагает, что такое вторжение не может произойти и что каждый человек имеет право сам распоряжаться своим собственным сознанием и умом. Но это только предположения. Тем не менее, нам было сказано, что Мудрые в вашем мире смогли преодолеть эти ложные предположения и обрели силы для создания собственной Ментальной Среды.

Мы опасаемся, что наши слова могут быть слишком запоздалыми и не будут иметь достаточного воздействия, и что тот, кого мы избрали для связи, не имеет достаточной помощи и поддержки, чтобы сделать эту информацию доступной. Он встретится с недоверием и насмешками, так как ему не будут верить, ведь то, что он будет говорить, противоречит тому, что многие принимают за правду. Те, кто попал под инопланетное влияние, будут особенно выступать против него, ибо у них нет выбора.

В этой серьезной ситуации Творец всего живого послал подготовку – обучение духовным способностям, проницательности, силе и знанию. Мы ученики этой подготовки, как и многие другие по всей Вселенной. Это учение является формой Божественного вмешательства. Оно не принадлежит какому-нибудь одному миру. Оно не является собственностью какой-либо одной расы. Оно не концентрируется вокруг какого-либо героя или героини, либо другой личности. Эта подготовка теперь доступна. Она будет необходима. С нашей точки зрения, это единственное, что в настоящий момент предоставит человечеству возможность стать мудрым и проницательным в вопросе вашей новой жизни в Великом Сообществе.

Тому есть примеры в истории вашего мира: первыми, кто появлялся на новых землях, были искатели и завоеватели. Они не приходят из альтруистических побуждений. Они приходят, ища власть, ресурсы и господство. Такова природа жизни. Если бы человечество хорошо разбиралось в делах Великого Сообщества, оно бы сопротивлялось любым посещениям вашего мира, если предварительно не было дано взаимное согласие. Вы бы знали достаточно, чтобы не позволять вашему миру быть таким уязвимым.

В настоящее время за выгоду здесь борется больше, чем один коллектив. Поэтому человечество оказывается в очень необычной и вместе с тем поучительной ситуации. И именно поэтому сообщения пришельцев часто кажутся противоречивыми. Они пребывают в конфликте между собой, но всегда готовы вести переговоры друг с другом, если будет взаимная выгода. Тем не менее, они по-прежнему конкурируют. Для них вы цените́сь только с точки зрения полезности. Это их граница. Если вас более не признают полезными, то вас просто выбросят.

Перед людьми вашего мира, и особенно перед теми, кто находится в позиции власти и ответственности, стоит сложнейшая задача – увидеть разницу между духовным присутствием и посещениями из Великого Сообщества. Но что может служить для вас основой для различия? Где можно узнать о таких вещах? Кто в вашем мире в состоянии учить реальности Великого Сообщества? Только учение из-за пределов вашего мира может подготовить вас к жизни за этими пределами, ведь жизнь извне уже сейчас находится в вашем мире, стремясь утвердиться здесь, стремясь расширить свое влияние, стремясь завоевать умы, сердца и души людей повсеместно. Это так просто. И одновременно так разрушительно.

Наша задача посредством этих посланий-передать вам важное предупреждение. Но одного только предупреждения не достаточно. Ваши люди должны признать этот факт. По крайней мере, у достаточного количества людей должно быть понимание реальности того, с чем вы сейчас столкнулись. Это величайшее событие в человеческой истории – величайшая угроза для свободы человека и величайшая возможность для укрепления человеческого единства и сотрудничества. Мы признаем эти огромные преимущества и возможности, но с каждым днем эти перспективы тают, по мере того, как всё больше и больше умов завоёвывается и их осознание заново культивируется и перестраивается, по мере того, как всё больше людей узнаёт о духовных учениях, распространяемых пришельцами, и по мере того, как всё больше людей становится более покорным и в меньшей степени способным видеть правду.

Мы пришли по просьбе Невидимых Наставников, чтобы служить в качестве наблюдателей. Если мы достигнем успеха, то останемся в непосредственной близости от вашего мира лишь на необходимое время, чтобы продолжить передачу вам этой информации. После этого мы вернемся к себе домой. Если мы не достигнем успеха и ход событий будет враждебным для человечества, и великий мрак наступит в вашем мире и тьма чужого господства, то нам придется уйти, не выполнив свою миссию. В любом случае, мы не можем с вами остаться, хотя, если вы проявите свою инициативу, то мы останемся до того момента, когда вы будете защищены и когда вы сможете обеспечивать себя сами. Но для этого требуется, чтобы вы были самодостаточными. Если вы станете зависимыми от торговли с другими расами, то это привлечет вмешательство извне, так как человечество еще не достаточно сильно, чтобы противостоять силе влияния в Ментальной Среде, которое может быть оказано и в настоящее время уже оказывается на вас.

Пришельцы будут пытаться создать впечатление, что они являются «союзниками человечества». Они будут говорить, что они здесь, чтобы спасти человечество от самого себя, что только они могут предложить защиту, которую человечество не в состоянии обеспечить самому себе, что только они могут установить истинный порядок и гармонию в мире. Но этот порядок и эта гармония будут принадлежать им, а не вам. И вы не сможете наслаждаться той свободой, которую они обещают.

Манипуляция Религиозных Традиций и Верований

Д ля того, чтобы понять деятельность пришельцев в современном мире, мы должны предоставить дополнительную информацию касательно их влияния на мировые религиозные учреждения и ценности, и на фундаментальные духовные побуждения, являющиеся общими для вашего рода, которые во многом являются общими для разумной жизни во многих точках Великого Сообщества.

Прежде всего мы хотим отметить, что деятельность, проводимая в настоящее время пришельцами в вашем мире, осуществлялась уже много раз в прошлом с различными культурами в разных частях Великого Сообщества. Ваши посетители не являются авторами этой деятельности, а лишь используют её по своему усмотрению, как уже делали это много раз в прошлом.

Важно понять вам, что навыки влияния и манипуляции были развиты до очень высокого уровня функционирования в Великом Сообществе. По мере того, как расы становятся более искусными и обладающими более высокими технологическими способностями, они оказывают более тонкие и более изощренные виды влияния друг на друга. Люди развились лишь только до уровня, позволяющего конкурировать друг с другом, так что вы еще не имеете должного адаптивного преимущества. Это является одной из причин, почему мы вам представляем этот материал. Перед вами возникает целый ряд новых обстоятельств, требующих развития ваших способностей, а также обучения новым навыкам.

Хотя человечество и находится в уникальной ситуации, вступление в Великое Сообщество другими расами происходило уже бесчисленное количество раз. То, что с вами делают, уже совершалось. Этот метод достаточно хорошо развит и в настоящее время адаптирован к вашей жизненной ситуации, по нашему ощущению, с относительной легкостью. Этому отчасти способствует Программа Усмирения, реализуемая пришельцами. Стремление к мирным отношениям и желание избежать войны и конфликтов достойны восхищения, но могут быть использованы и в настоящее время уже используются против вас. Даже ваши самые благородные порывы могут быть использованы для других целей. Вы видели это на примерах своей собственной истории, собственных нравов и собственных сообществ. Мир может быть установлен только на прочном фундаменте мудрости, сотрудничества и истинной одарённости.

Человечество ещё с давних времён естественным образом было озабочено установлением мирных отношений среди своих племён и народов. Однако теперь у него особенно много проблем и трудностей. Мы рассматриваем это, как возможность для вашего развития, потому что только проблема вступления в Великое Сообщество объединит ваш мир и даст основу для того, чтобы это единство было подлинным, крепким и эффективным.

Таким образом, мы пришли не критиковать ваши религиозные учреждения или ваши самые основные побуждения и ценности, а чтобы продемонстрировать, как они используются против вас теми инопланетными расами, которые вторгаются в ваш мир. И, если это в наших силах, мы хотели бы поощрить правильное использование ваших талантов и достижений в целях сохранения вашего собственного мира, свободы и целостности, как расы в контексте Великого Сообщества.

Пришельцы фундаментально практичны в своём подходе. В этом заключается одновременно их сила и слабость. Так как мы наблюдали за ними, как здесь, так и в других местах, нам стало ясно, что им трудно отклоняться от своих планов. Они не очень хорошо приспосабливаются, а также не могут эффективно справляться со сложными задачами. Они осуществляют свой план с некоторой небрежностью, потому что чувствуют себя правыми и обладающими преимуществом. Они не верят, что человечество может оказать им сопротивление – по крайней мере сопротивление, которое могло бы на них повлиять в значительной степени. И они верят, что их секреты и намерения дня хорошо защищены и находятся за пределами человеческого понимания.

Наша деятельность по предоставлению вам этого материала делает нас их врагами, с их точки зрения, конечно. Однако, с нашей точки зрения, мы просто пытаемся противостоять их влиянию и даём вам ориентир того, что вам нужно, в том числе и правильную точку зрения, необходимую для сохранения вашей свободы, как расы, и чтобы иметь дело с реалиями Великого Сообщества.

Имея практический интерес, они желают достичь своих целей с максимально возможной эффективностью. Они хотят объединить человечество, но только в соответствии с их собственным участием в деятельности вашего мира. Для них человеческое единство представляет лишь практический интерес. Они не ценят разнообразие ваших культур; и они, конечно, не хотят перенять их. Они будут пытаться это искоренить или свести к минимуму в любом месте, где они оказывают своё влияние.

В нашем предыдущем отчёте мы говорили о влиянии пришельцев на новые формы духовности – новые идеи и новые проявления человеческой божественности и человеческого характера, существующие в вашем мире в настоящий момент. В этом отчёте мы хотели бы сосредоточить внимание на традиционных ценностях и институтах, на которые пришельцы стремятся оказывать влияние и уже влияют сегодня.

Пытаясь содействовать достижению однородности и подчинения, пришельцы будут опираться на те учреждения и ценности, которые они считают наиболее стабильными и практичными для использования в своих целях. Они не заинтересованы в ваших идеях и ваших ценностях, за исключением тех случаев, когда это может способствовать их тайным намерениям. Не обманывайте себя, полагая, что они тянутся к вашей духовности, потому что у них самих она отсутствует. Это было бы глупой и, возможно, роковой ошибкой. Не думайте, что они влюблены в вашу жизнь и в те вещи, которые вы находите заманчивыми. Только в редких случаях вы сможете повлиять на них. Все естественное любопытство было удалено из их существа, очень мало что от него осталось. Фактически, в них присутствует очень мало того, что вы могли бы назвать «Духом» или того, что мы называем «Варне» или «Путь Проницательности». Они контролируемы и, в свою очередь, также контролируют и следуют модели мышления и поведения, которая прочно установлена и жёстко фиксирована. На первый взгляд может показаться, что они сочувствуют вашим идеям, но это только для того, чтобы заручиться вашей преданностью.

В существующих традиционных религиозных институтах вашего мира, они будут стремиться использовать те ценности и фундаментальные убеждения, которые могут послужить в будущем, чтобы укрепить вашу преданность им. Мы приведем несколько примеров, являющихся, как результатом наших собственных наблюдений, так и результатом понимания, которое Невидимые дали нам в течение времени.

Многие в вашем мире следуют христианской вере. Мы считаем, что это замечательно, хотя это, безусловно, не единственный подход к фундаментальным вопросам духовной тождественности и смысла жизни. Пришельцы будут использовать фундаментальную идею верности одному лидеру в целях развития у вас преданности их делу. В рамках этой религии будет сильно использоваться отождествление себя с Иисусом Христом. Надежда и обещание Его возвращения в этот мир дают пришельцам идеальную возможность, особенно в этот поворотный момент нового тысячелетия.

Насколько мы понимаем, истинный Иисус не вернется в ваш мир, потому что он работает совместно с Невидимыми Наставниками и служит человечеству, а также и другим расам. Тот, кто придет под его именем, придёт из Великого Сообщества. Это будет тот, кто рождён и выращен для этой цели коллективами, присутствующими сегодня в вашем мире. Он будет выглядеть, как человек, и иметь человеческий облик, и будет обладать особенными способностями по сравнению с тем, на что в настоящий момент способны вы. Он будет казаться совершенным альтруистом. Он сможет совершать действия, способные вызвать либо страх, либо глубокое благоговение. Он сможет проецировать изображения ангелов, демонов или кого-то еще, в зависимости от того, чему вас ходят подвергнуть его руководители. Он будет казаться обладающим духовными силами. Он придет из Великого Сообщества, и он будет частью коллектива. Он породит преданность, побуждающую следовать за ним. В конце концов, он будет стимулировать отчуждение или уничтожение тех, кто не будет следовать его идеям.

Пришельцев не волнует, сколько ваших людей будет уничтожено до того момента, когда будет достигнута покорность среди подавляющего большинства. Пришельцы будут сосредотачиваться на тех основных идеях, которые дают им желаемую власть и влияние.

Пришельцы готовят Второе Пришествие. Насколько мы понимаем, свидетельство этому уже присутствует в вашем мире. Люди не осознают ни присутствия пришельцев, ни природу реальности Великого Сообщества, и поэтому они естественно и без сомнений примут то, что соответствует их верованиям, чувствуя, что пришло время для знаменательного возвращения их Спасителя и Учителя. Но тот, кто явится, не придет из небесного царства, он не будет представлять Знание или Невидимых Наставников, и он не будет представлять Творца или Его волю. Мы видели этот план в разработке в вашем мире. Мы также видели, как подобные планы осуществлялись в других мирах.

В других религиозных традициях пришельцы будут вдохновлять однородность – то, что можно было бы назвать фундаментальной формой религии, основанной на прошлом, на покорности власти и на подчинении единым правилам организации. Это удобно пришельцам. Они не заинтересованы в идеологии и ценностях ваших религиозных традиций, но только в их полезности. Чем больше люди будут мыслить одинаково, действовать одинаково и реагировать предсказуемым образом, тем более полезными они будут для коллективов. Это следование единым правилам уже существует внутри различных традиций. Но цель при этом не сделать всех одинаковыми, а привести их к внутренней простоте.

В одной части мира преобладает одна религиозная идеология; в другой части преобладает другая. Это вполне удобно для пришельцев, так как их не волнует существование более чем одной религии, до тех пор, пока есть порядок, подчинение единым правилам и покорность. Не имея своей религии, которой вы могли бы следовать, они будут использовать вашу религию для навязывания вам своих собственных ценностей; потому, что они ценят только абсолютную преданность своему делу и коллективам и ищут вашей верности и участия в той форме, в которой они это предписывают. Они будут вас заверять, что это принесёт вам мир и спасение, а также возвращение того религиозного образа или персонажа, который считается здесь наиболее почитаемым.

Мы не утверждаем, что фундаментальная религия руководствуется чужими силами, так как понимаем, что она была создана по правилам вашего мира. Мы лишь говорим о том, что её побуждения и механизмы будут поддерживаться пришельцами и использоваться ими в своих целях. Поэтому истинно верующие в каждой религии должны уделять особое внимание различению этих влияний и противодействию им, если это возможно. Пришельцы пытаются влиять при этом не на среднестатистического человека, а на руководство.

Пришельцы твердо верят, что если они своевременно не вмешаются, то человечество уничтожит само себя и свой мир. Но это не основано на истине; это только их предположение. Хотя человечество и находится под угрозой самоуничтожения, это не обязательно должно стать его судьбой. Но коллективы считают, что это именно так, поэтому они должны действовать быстро и уделять своей программе влияния особенное внимание. Те, кого возможно убедить, будут цениться и рассматриваться как полезные, а те, которые не могут быть убеждены, будут отвергнуты и отчуждены. В случае, если пришельцы станут достаточно сильными, чтобы приобрести полный контроль над вашим миром, те, кто не станет подчиняться единым правилам, будут просто ликвидированы. Но пришельцы не будут сами заниматься уничтожением. Оно будет совершаться теми индивидуумами в вашем мире, которые полностью попали под их влияние.

Мы понимаем, что это страшный сценарий, но у вас не должно быть путаницы, если вы хотите понять и принять то, что мы излагаем в посланиях для вас. Пришельцы стремятся достичь не уничтожения человечества, а его интеграции. С этой целью они будут скрещиваться с вами. С этой целью они будут пытаться переориентировать ваши религиозные порывы и идеологию ваших учреждений. С этой целью они будут тайно укореняться в вашем мире. С этой целью они будут оказывать влияние на правительства и государственных деятелей. С этой целью они будут влиять на военные силы в вашем мире. Пришельцы уверены, что они смогут достичь успеха, потому что видят, что человечество до сих пор не организовало достаточного сопротивления, чтобы противостоять их действиям или разоблачить их тайные намерения.

Чтобы этому противостоять, вы должны изучать Путь Знания Великого Сообщества. Любая свободная раса во Вселенной должна учить Путь Знания, как бы он не определялся в рамках их собственной культуры. Это является ключом к личной свободе. Это то, что позволяет отдельным людям и обществам приобрести истинную целостность, а также приобрести мудрость, необходимую, чтобы иметь дело с влияниями, противодействующими Знанию, как в их собственных мирах, так и в рамках Великого Сообщества. Вам необходимо изучать новые методы, потому что вы попадаете в новую ситуацию с новыми силами и новыми влияниями. На самом деле, это не какая-то далёкая перспектива, а ближайшая задача. Жизнь во Вселенной не ждет вашей готовности. События начнут разворачиваться независимо от того, готовы ли вы к ним или нет. Посещение началось без вашего согласия и без вашего разрешения. И ваши основные права нарушаются в гораздо большей степени, чем вы себе можете это представить.

В этой связи мы были посланы не только представить вам нашу точку зрения и предоставить нашу поддержку, но и дать призыв, сигнал тревоги, чтобы пробудить осознанность и ответственность. Мы уже говорили ранее, что мы не можем спасти вашу расу посредством военного вмешательства. Наша роль заключается не в этом. И даже если бы мы попытались это сделать и собрали все силы, чтобы осуществить такую программу действия, ваш мир был бы уничтожен. Мы можем только советовать.

Вы увидите в будущем свирепость религии, выраженную в форме насилия по отношению к тем людям, кто не согласен и идёт против менее сильных государств, используя её как оружие нападения и разрушения. Посетители не желают ничего большего, чем участие религиозных институтов в управлении государствами. Вы должны этому сопротивляться. Посетители не хотят ничего большего, чем наличия у всех общих религиозных ценностей, так как это увеличивает количество имеющейся рабочей силы и упрощает их задачу. Такое влияние во всех его проявлениях, принципиально сводится к молчаливому согласию и подчинению – подчинению воли, подчинению намерения, подчинению жизни человека и его талантов. Это будет признано великим достижением человечества, большим прогрессом в обществе, новым объединением человеческой расы, новой надеждой на мир и спокойствие, торжеством человеческого духа над человеческими инстинктами.

Мы пришли к вам с советом и призываем вас воздержаться от неразумных решений, не посвящать свою жизнь тому, чего вы не понимаете, а также не отказываться добровольно от своей проницательности и своей осторожности ни за какие обещанные награды. И мы призываем вас не предавать Знание внутри самих себя, духовный разум, с которым вы родились и который в настоящее время даёт вам единственную и наилучшую надежду.

Возможно, услышав это, вы будете рассматривать Вселенную, как место, лишённое Благодати. Возможно, вы станете циничными и испуганными, думая, что алчность является повсеместной. Но это не так. Сейчас необходимо, чтобы вы стали сильнее, чем вы были, сильнее, чем вы есть. Не вступайте в связь с теми, кто вмешивается в ваш мир, до тех пор, пока не приобретёте эту силу. Не открывайте свой ум и сердце пришельцам извне, потому что они явились сюда ради своих собственных целей. Не думайте, что они будут реализовывать ваши религиозные пророчества или величайшие идеалы, потому что это заблуждение.

В Великом Сообществе существуют значительные духовные силы – отдельные люди и даже целые нации, достигшие состояния высокого совершенства, далеко выходящего за пределы того, что человечество смогло продемонстрировать на сегодняшний день. Но они не прибывают, чтобы взять под свой контроль другие миры. Они не представляют политические и экономические силы во Вселенной. Они не участвуют в торговле, выходящей за пределы удовлетворения своих основных потребностей. Они редко путешествуют, за исключением чрезвычайных ситуаций.

Эмиссары отправляются на помощь тем, кто вступает в Великое Сообщество, эмиссары, такие же как мы. Существуют также и духовные эмиссары – силы Невидимых Наставников, способные разговаривать с теми, кто готов воспринять и кто имеет доброе сердце и высокий потенциал. Так действует Бог во Вселенной.

Вы вступаете в новую и сложную среду. Ваш мир очень ценится другими. Вам придётся его защищать. Вы должны сохранять свои ресурсы, чтобы не нуждаться и не зависеть от торговли с другими нациями ради основных потребностей вашей жизни. Если вы не сохраните свои ресурсы, вам придется потерять бóльшую часть своей свободы и самостоятельности.

Ваша духовность должна быть прочной. Она должна быть основана на реальном опыте, так как ценности и верования, обряды и традиции могут быть использованы и уже сейчас используются вашими посетителями в их собственных целях.

Вы можете также увидеть, что пришельцы очень уязвимы в определенных сферах. Давайте изучим этот вопрос. По отдельности они слабовольные и им трудно иметь дело со сложными задачами. Они не понимают вашей духовной природы. И они совершенно не понимают мотивацию Знания. Чем вы сильнее в Знании, тем более непонятными для них вы становитесь, тем труднее вас контролировать и тем менее полезными вы становитесь для них и для их программы интеграции. По отдельности, чем сильнее вы в Знании, тем более трудную задачу вы для них представляете. Чем больше людей становятся сильными в Знании, тем труднее пришельцам их изолировать.

Пришельцы не обладают физической силой. Их сила в Ментальной Среде и применении технологий. Количество их мало по сравнению с вами. Они полностью зависят от вашего согласия и слишком уверены, что могут добиться успеха. Из их опыта на сегодняшний день они знают, что человечество не оказывает значительного сопротивления. Но чем сильнее вы становитесь в Знании, тем больше вы становитесь силой, выступающей против вмешательства и манипуляции, и тем больше вы становитесь силой, борющейся за свободу и целостность своей расы.

Возможно, немногие смогут услышать наше послание, но ваш отклик важен. Возможно, вам трудно поверить в наше присутствие и наше реальное существование и адекватно отреагировать на это послание, но мы выражаем Знание. То, что мы излагаем, вы можете познать внутри самих себя, если вы обладаете достаточной свободой.

Мы понимаем, что наш отчёт бросает вызов многим традиционным верованиям. Даже наше появление здесь будет казаться необъяснимым и многими отвергнуто. Тем не менее, наши слова и наше послание могут быть созвучными с вашим пониманием, потому что мы говорим с позиции Знания. Сила истины является величайшей силой во Вселенной. Она может освободить. Она может дать просвещение. И она может дать силу и уверенность тем, кто в ней нуждается.

Нам сказали, что человеческая совесть высоко ценится, хотя ей не всегда следуют. Это именно то, что мы имеем в виду, говоря о Пути Знания. Это является основой всех ваших истинных духовных побуждений. Это уже содержится в ваших религиях. Это для вас не ново. Но это должно цениться, иначе не будут успешными как наши усилия, так и усилия Невидимых Наставников, чтобы подготовить человечество к Великому Сообществу. Очень немногие откликнутся, и правда будет для них бременем, ибо они не смогут делиться ею с другими.

Мы пришли не критиковать ваши религиозные учреждения или традиции, а показать, как они могут быть использованы против вас. Мы здесь не для того, чтобы их заменить или от них отказаться, а чтобы показать, как подлинная целостность должна пронизывать эти учреждения и традиции для того, чтобы они служили вам по-настоящему.

В Великом Сообществе духовность воплощена в то, что мы называем Знанием, а Знание означает разум Духа и движение Духа внутри вас. Оно позволяет вам знать, а не только верить. Оно даст вам иммунитет от влияния и манипуляций, так как Знание не может быть манипулировано никакой мирской властью или силой. Оно придаст жизнь вашим религиям и откроет перспективы вашему будущему.

Мы верны этим идеям, потому что они носят фундаментальный характер. Однако у коллективов они отсутствуют, и если вы столкнётесь с коллективами или просто с их присутствием и сумеете сохранить ваш собственный ум, то вы увидите это сами.

Нам сказали, что есть много людей в вашем мире, готовых сдаться, отдать себя более сильной власти. Это свойственно не только человеческому миру. Но в Великом Сообществе такой подход приводит к порабощению. Мы знаем, что в вашем собственном мире, ещё до появления здесь пришельцев в таких количествах, подобный подход часто приводил к порабощению. Но в Великом Сообществе вы более уязвимы и должны быть умнее, осторожнее и более самодостаточными. Здесь безрассудство может дорого обойтись и привести к большим несчастьям.

Если вы сможете воспринять Знание и изучить Путь Знания Великого Сообщества, то вы будете в состоянии сами увидеть это. Тогда вы сможете подтвердить наши слова вместо того, чтобы только им верить или их отрицать. Творец делает это возможным потому, что Творец желает, чтобы человечество подготовилось к своему будущему. Вот почему мы пришли. Вот почему мы наблюдаем и сейчас имеем возможность сообщить вам то, что мы видим.

В своих фундаментальных учениях религиозные традиции мира хороши для вас. Мы имели возможность узнать о них от Невидимых Наставников. Но они также представляют собой вашу потенциально слабую сторону. Если бы человечество было более бдительным и понимало реалии жизни в Великом Сообществе и смысл преждевременных посещений, то вы бы не оказались в состоянии той крайней опасности, в которой вы находитесь сегодня. Вы живёте с надеждой и ожиданиями, что такие посещения принесут с собой вознаграждение и исполнение вашей мечты. Но вы ещё не имели возможности узнать о реальности Великого Сообщества или о тех мощных силах, которые взаимодействуют с вашим миром. Ваше непонимание ситуации и преждевременное доверие пришельцам осложняют ваше положение.

Именно по этой причине Мудрые остаются скрытыми в Великом Сообществе. Они не стремятся к торговле в Великом Сообществе. Они не стремятся быть частью гильдии или торговых кооперативов. Они не ищут дипломатических отношений со множеством миров. Их сеть связей имеет более таинственный и более духовный характер. Они понимают риск и трудности взаимодействия с реалиями жизни в физической Вселенной. Они сохраняют свою изолированность и бдительно следят за своими границами. Они лишь стремятся распространять свою мудрость с помощью средств, не особо обладающих физическими свойствами.

В своём собственном мире, возможно, вы можете видеть это на примере самых мудрых, самых талантливых, тех, кто не ищет личной выгоды посредством коммерческих отношений и кто не вовлекается в завоевания и манипуляции. Ваш собственный мир может вам так много рассказать. Ваша собственная история может вас многому научить и показать всё то, что мы вам здесь излагаем, хотя и в меньших масштабах.

Таким образом, мы намерены не только предупредить вас о серьезности вашей ситуации, но и предоставить вам, если нам это удастся, более глубокое восприятие и понимание жизни, в которых вы так нуждаетесь. И мы надеемся, что тех, кто сможет услышать эти слова и откликнуться на величие Знания, будет достаточно много. Мы надеемся, что найдутся те, кто признают, что наши послания здесь не для того, чтобы вызвать страх и панику, а чтобы пробудить чувство ответственности и обязанности ради сохранения свободы и добра в вашем мире.

Если человечество потерпит неудачу в противостоянии Вторжению, то мы можем нарисовать картину того, что это будет означать. Мы видели это в других местах, так как каждый из нас подходил очень близко к этой грани в пределах наших собственных миров. Ресурсы планеты Земля, как части коллектива, будут эксплуатироваться, люди будут насильно загнаны на работу, а повстанцы и еретики будут либо отделены, либо будут уничтожаться. Мир будет сохранен для использования сельского хозяйства и добычи полезных ископаемых. Человеческое общество будет продолжать существовать, но только в строгом подчинении силам, пришедшим из-за пределов вашего мира. И если польза от вашего мира пропадёт, если его ресурсы полностью иссякнут, то вас покинут, оставив без ничего, что вы имели. У вас заберут то, что поддерживает жизнь в вашем мире; будут украдены самые необходимые для выживания средства. Подобное уже случалось раньше во многих других местах.

Что касается вашего мира, коллективы могут предпочесть сохранить его для постоянного использования в качестве стратегического поста и биологического склада. Но человечество страшно пострадало бы при таком угнетении. Человеческое население было бы сокращено. Управление человечеством перешло бы в руки тех, кого специально растили, чтобы руководить человеческой расой в рамках нового порядка. Свобода человека в той форме, как вы её знаете, больше не существовала бы, и вы бы страдали под гнетом внеземного правления – правления, которое было бы жёстким и требовательным.

В Великом Сообществе существует много коллективов. Некоторые из них большие, другие маленькие. Некоторые из них более этичны в своей тактике, другие нет. Они конкурируют друг с другом ради выгодных возможностей, как, например, господство над вашим миром, и ради этого могут проводиться опасные виды деятельности. Мы должны были это описать, чтобы у вас не оставалось сомнений касательно того, о чём мы говорим. Ваши возможности выбора весьма ограничены, но и они имеют решающее значение.

Таким образом, вам следует понять, что с точки зрения пришельцев, вы всего лишь племена, которые должны быть управляемы и контролируемы для того, чтобы служить их интересам. С этой целью ваши религии и некоторый уровень вашей социальной реальности будут сохранены. Но очень многое вы потеряете. И многое будет вами утеряно даже прежде, чем вы осознаете, что это у вас было отобрано. Мы можем только настоятельно вам рекомендовать развивать свою бдительность, ответственность и стремление к познанию – познанию жизни в Великом Сообществе, чтобы узнать, как сохранить свою собственную культуру и свою собственную реальность в рамках более широкого окружения, и чтобы научиться видеть и отличать тех, кто служить вам, от тех, кто здесь не для этого. Эта глубокая проницательность так необходима вашему миру, даже для решения ваших внутренних проблем. Для вашего выживания и благополучия в Великом Сообществе, это абсолютно фундаментально.

Мы призываем вас набраться мужества. У нас есть ещё, чем поделиться с вами.

Переход: Новые Перспективы для Человечества

Для того, чтобы подготовиться к инопланетному присутствию в вашем мире, вам необходимо узнать больше о жизни в Великом Сообществе, жизни, которая в будущем будет разворачиваться в вашем мире, жизни, частью которой вы будете.

Вступление в Великое Сообщество разумной жизни всегда было судьбой человечества. Это неизбежно и происходит во всех мирах, где разумная жизнь была заложена и развивалась. В конце концов, вы всё равно пришли бы к пониманию, что вы всегда жили в Великом Сообществе. И, в итоге, вы бы всё равно обнаружили, что вы не одиноки в своем собственном мире, что посещение происходило и что вам необходимо научиться противостоять отличающимся расам, силам, взглядам и убеждениям, преобладающим в Великом Сообществе, в котором вы живёте.

Вступление в Великое Сообщество - это ваша судьба. Ваша изоляция закончилась. Несмотря на то, что ваш мир посещался в прошлом много раз, ваша изоляция заканчивается. Теперь необходимо, чтобы вы поняли, что вы не одиноки во Вселенной и даже в вашем собственном мире. Это понимание изложено более подробно в учении Духовности Великого Сообщества, которое сегодня представляется в вашем мире. Наша роль заключается в том, чтобы описать жизнь, как она существует в Великом Сообществе, чтобы вы могли иметь более глубокое представление о широкой панораме жизни, которая перед вами раскрывается. Это необходимо для того, чтобы вы могли приблизиться к этой новой реальности с большей объективностью, пониманием и мудростью. Человечество жило в относительной изоляции так долго, что для вас вполне естественно считать, что остальная часть Вселенной функционирует в соответствии с наукой, идеями и принципами, которые святы для вас, на которых вы основываете свою деятельность и своё восприятие мира.

Великое Сообщество огромно. Его дальние уголки никогда не были изучены. Оно больше, чем любая раса в состоянии понять. В пределах этого великолепного создания разумная жизнь существует на всех уровнях развития в своих бесчисленных выражениях. Ваш мир существует в достаточно густо заселенном регионе Великого Сообщества. Есть много регионов Великого Сообщества, которые никогда не были изучены, а также другие регионы, где расы живут в тайне. В Великом Сообществе всё существует с позиции проявления жизни. И хотя жизнь, как мы её описываем, кажется трудной и сложной, Творец действует везде, воссоединяясь с разлученными через Знание.

В Великом Сообществе не может быть одной религии, одной идеологии, одной формы правления, которая может быть рассчитана для всех рас и народов. Поэтому, когда мы говорим о религии, мы говорим о духовности Знания, потому что во всей разумной жизни во Вселенной обитают сила и Знание – внутри вас, в ваших посетителях и в представителях любых других рас, с которыми вы встретитесь в будущем.

Всеобщая духовность занимает центральное место. Она объединяет различные понимания и идеи, широко распространенные в вашем мире, и создает общую основу для вашей собственной духовной реальности. Изучение Знания является не только поучительным, оно имеет большое значение для выживания и развития в Великом Сообществе. Для того, чтобы вы могли утвердить и поддерживать свою свободу и независимость в Великом Сообществе, достаточное количество людей в вашем мире должно развить в себе эту важную способность. Знание - это единственная часть вашего существа, которая не может быть искажена или подвержена влиянию. Оно является источником всего мудрого понимания и действий. Оно становится необходимостью в пределах Великого Сообщества, если вы цените свободу и хотите сами определять свою судьбу, не позволяя кому-либо объединить вас в коллектив или в любой другой вид общества.

Поэтому, хотя мы описываем вам серьезность ситуации в вашем мире, мы также представляем вам великий дар и большие перспективы для человечества, ибо Творец не оставил бы вас неподготовленными к Великому Сообществу, являющемуся величайшим из всех барьеров, с которыми вам когда-либо приходилось сталкиваться. Мы также были благословлены подобным даром. Он находится в нашем распоряжении в течение многих столетий, по вашему летоисчислению. Нам пришлось изучать его как по своему выбору, так и по необходимости.

В действительности, именно наличие силы Знания позволяет нам в роли ваших Союзников говорить с вами и предоставлять вам информацию, излагаемую в этих отчётах. Если бы мы не пришли к этому великому Откровению, мы были бы изолированы в наших собственных мирах не в силах постичь высшие силы во Вселенной, которые определяли бы наше будущее и нашу судьбу. Так же, как этот дар сегодня даётся вашему миру, он был дан нам и многим другим расам, подававшим надежду. Этот дар особенно важен для новых рас, таких, как ваша, имеющих хорошие перспективы, но всё же очень уязвимых в Великом Сообществе.

Не может быть одной религии или идеологии во Вселенной, существует единый принцип, единое понимание и единая духовная реальность, доступные для всех, настолько совершенные, что они могут обращаться также к тем, кто сильно от вас отличается. Могут обращаться к разнообразию жизни во всех её проявлениях. Вы, живущие в этом мире, теперь имеете возможность узнать об этой великой реальности, испытать её силу и благодать на себе. Действительно, в конечном счете, мы хотим укрепить этот дар, ибо это сохранит вашу свободу и ваше самоопределение и откроет вам дверь к более широким перспективам во Вселенной.

Перед вами большие трудности и стоит большой вызов. Они требуют от вас более глубокого Знания и широкой осведомленности. Если вы ответите на этот вызов, вы принесёте пользу не только себе, но и всей вашей расе.

Сегодня в вашем мире представляется учение Духовности Великого Сообщества. Никогда до этого оно не было здесь представлено. Оно передаётся вам через одного человека, который выступает в качестве посредника и проводника этой Традиции. Это учение посылается в ваш мир в тот критический момент, когда человечество должно узнать о своей жизни в Великом Сообществе и о тех более мощных силах, которые сегодня формируют ваш мир. Только учение и понимание, пришедшие из-за пределов вашего мира, могут дать вам преимущество и необходимую подготовку.

Вы не одиноки в решении такой огромной задачи, потому, что есть и другие расы во Вселенной, проходящие сейчас то же самое; они находятся на аналогичной стадии развития. В настоящий момент вы всего лишь одна из множества рас, вступающих в Великое Сообщество. Все они имеют хорошие перспективы, и всё же, каждая из них уязвима из-за сложностей и влияний, существующих в этом более широком окружении. Правда, многие расы потеряли свою свободу прежде, чем она была приобретена, только для того, чтобы стать частью коллектива или коммерческих гильдий, или клиентом более крупных сил.

Мы не хотим, чтобы это произошло с человечеством, потому что это было бы большой потерей. Именно поэтому мы здесь. Именно по этой причине Творец действует в мире, неся человеческому роду новое понимание. Настало время для того, чтобы человечество прекратило свои бесконечные внутренние конфликты и подготовилось к жизни в Великом Сообществе.

Вы живете в регионе, где огромная часть деятельности происходит вне пределов вашей крохотной солнечной системы. В этом регионе торговля ведется по определенным коммерческим каналам. Миры взаимодействуют, конкурируют, а иногда и конфликтуют друг с другом. Выгодные возможности в настоящее время ищутся всеми, кто имеет коммерческие интересы. Они ищут не только ресурсы, но и покорность других миров, таких как ваш. Некоторые из них являются частью более крупных коллективов. Другие поддерживают свои собственные союзы гораздо меньших масштабов. Миры, успешно вступившие в Великое Сообщество, были вынуждены в значительной степени сохранить свою автономию и самостоятельность. Это освобождает их от воздействия других сил, которые их бы только эксплуатировали и манипулировали ими.

На самом деле, ваша самодостаточность, углубление вашего понимания и усиление вашего единства станут самыми существенными факторами для вашего благополучия в будущем. И это будущее не за горами, так как влияние пришельцев становится всё бóльшим в вашем мире. Многие люди, в согласии с ними, уже в настоящее время служат в качестве эмиссаров и посредников. Многие служат просто в качестве ресурсов для их генетической программы. Как мы уже говорили, это происходило много раз во многих местах. Для нас это не загадка, хотя вам это может показаться непонятным.

Вторжение - это беда, но в тоже время, оно несёт с собой огромные возможности. Если вы в состоянии адекватно отреагировать, если вы сможете подготовиться, если вы сможете изучить Мудрость и Знание Великого Сообщества, то вы сможете противостоять силам, которые вмешиваются в ваш мир, и заложить фундамент для более крепкого единства среди ваших собственных народов и племен. Мы, конечно, это поддерживаем, потому что это повсеместно укрепляет связь со Знанием.

В Великом Сообществе редко случаются войны больших масштабов, так как существуют сдерживающие силы. И это по той причине, что война нарушает торговлю и разработку ресурсов. В результате крупные нации не должны действовать опрометчиво, поскольку это осложняет, нарушает цели других вовлечённых сторон, иных наций и прочие интересы. Периодически внутри миров происходят гражданские войны, но крупномасштабные военные действия между обществами и между мирами случаются крайне редко. Отчасти по этой причине было развито мастерство в Ментальной Среде, потому что нации конкурируют друг с другом и пытаются влиять друг на друга. Поскольку никто не хочет уничтожать ресурсы и лишаться выгодных возможностей, эти важные навыки и способности культивируются с разной степенью успеха во многих культурах Великого Сообщества. Когда присутствуют такого рода воздействия, потребность в Знании возрастает ещё больше.

Человечество плохо к этому подготовлено. Тем не менее, благодаря своему богатому духовному наследию и той степени личной свободы, существующей в вашем мире, есть шанс, что вы сможете продвинуться в этом более глубоком понимании и, таким образом, защитить и сохранить свою свободу.

Есть и другие ограничения в отношении военных действий в Великом Сообществе. Большинство торгующих сообществ является участниками больших гильдий, которые установили законы и кодексы поведения для своих членов. Они служат для ограничения деятельности многих тех, кто хотел бы использовать силу, чтобы получить доступ к другим мирам и принадлежащим им ресурсам. Для того, чтобы военные действия развернулись в большом масштабе, должны быть вовлечены многие расы, а это происходит не часто. Мы знаем, что человечество очень воинственно и может допустить военный конфликт в Великом Сообществе, но на самом деле вы увидите, что подобное не допускается другими, а вместо силы применяются другие способы влияния.

Знайте: пришельцы не пребывают в ваш мир с огромным вооружением. Они не привлекают крупные военные силы, потому что используют навыки, служащие им другим образом – навыки манипулирования мыслями, порывами и чувствами тех, с кем они сталкиваются. На человечество очень легко повлиять подобным образом по причине высокой степени его суеверия, недоверия и конфликтов, преобладающих в вашем мире в настоящее время.

Чтобы понять пришельцев и всех других, с кем вы встретитесь в будущем, вам необходимо сформировать более зрелый подход к применению силы и влияния. Это является важной частью вашего образования относительно Великого Сообщества. Часть подготовки к этому будет дана в Учении Духовности Великого Сообщества, но вы должны также использовать свой непосредственный опыт.

Мы знаем, что в настоящее время многие имеют весьма причудливое видение Великого Сообщества. Существует мнение, что те, кто технологически продвинут, также развиты и духовно, но мы можем заверить вас, что это не так. Вы сами, несмотря на то, что стали сегодня более технологически развитыми, чем вы были раньше, не продвинулись сильно вперёд в духовном отношении. Вы достигли бо́льшей силы, но вместе с ней появляется необходимость бо́льшей сдержанности.

В Великом Сообществе существуют те, кто имеет гораздо более мощный уровень технологии и уровень мышления, превосходящий ваш. Вы должны будете развиваться, чтобы иметь с ними дело, но оружие не будет вашим главным фактором, потому что военные действия межпланетного масштаба настолько разрушительны, что проигрывают все. Какие трофеи может принести такой конфликт? Какие преимущества может он гарантировать? Правда, если подобный конфликт возникает, он происходит в космическом пространстве, и крайне редко на поверхности планеты. Отчуждённым, разрушительным и агрессивным нациям быстро противостоят, особенно, если они существуют в густонаселенных регионах, где ведется торговля.

Следовательно, вам необходимо понять природу конфликта во Вселенной, потому что это даст вам лучшее представление о пришельцах и их нуждах – почему они действуют именно так, почему свобода личности им неизвестна и почему они полагаются на свои коллективы. Это даёт им стабильность и силу, но также делает их уязвимыми перед теми, кто обладает Знанием.

Знание позволяет вам мыслить свободно, действовать спонтанно, воспринимать реальность за пределами очевидного и испытывать прошлое и будущее. Такие способности находятся вне досягаемости тех, кто может только следовать готовым схемам и диктату своих культур. Вы сильно отстаёте от пришельцев технологически, но у вас есть потенциал развить навыки на Пути к Знанию, навыки, которые вам необходимы и на которые вам нужно будет полагаться всё больше.

Мы не были бы Союзниками Человечества, если бы не учили вас жизни в Великом Сообществе. Мы много повидали. Мы сталкивались с множеством разных явлений. Наши миры были покорены, и нам пришлось вновь добиваться своей свободы. На примере нашего собственного опыта и ошибок мы знаем природу конфликта и проблем, с которыми вы сегодня сталкиваетесь. Именно поэтому мы хорошо подходим для помощи вам. Но вы с нами не встретитесь, и мы не будем участвовать во встречах с лидерами ваших наций. Наша цель не в этом.

На самом деле, вам нужно как можно меньше вмешательства, но вы крайне нуждаетесь в поддержке. Вы должны развить в себе новые способности и приобрести новое понимание. Даже самое доброжелательное общество, появившись в вашем мире, оказало бы настолько сильное влияние на вас, что вы стали бы зависимы от них и не приобрели бы свою собственную силу и самодостаточность. Вы бы настолько полагались на их технологии и на их понимание, что они не смогли бы вас оставить. На самом деле, их появление здесь сделало бы вас еще более уязвимыми для вмешательства в будущем, потому что вы бы желали заполучить их технологии и вы хотели бы путешествовать по торговым путям Великого Сообщества. Однако, вы не были бы готовы и не были бы достаточно мудры.

Вот почему ваших будущих друзей здесь нет. Вот почему они не появляются тут, чтобы вам помочь. Иначе вы не сможете стать сильными. Вы хотели бы с ними общаться, вы хотели бы вступить с ними в союз, но вы были бы настолько слабы, что не смогли бы себя защитить. По сути, вы стали бы частью их культуры, чего они не хотят.

Возможно, многие люди не смогут понять, о чём мы здесь говорим, но со временем это приобретёт для вас смысл, и вы увидите скрытую в этом мудрость и необходимость. На данный момент, вы слишком хрупки, рассеяны и конфликтны для того, чтобы формировать сильные альянсы, даже с теми, кто мог бы стать вашими будущими друзьям. Человечество еще не может говорить в один голос, и поэтому вы подвержены вмешательству и манипуляциям извне.

По мере того, как реальность Великого Сообщества становится все более известна в вашем мире, то в случае, если наше послание сможет достигнуть достаточного количества людей, в вас начнёт расти понимание той огромной проблемы, которая стоит перед человечеством. Это сможет создать новую основу для согласия и сотрудничества. Ведь какое вообще превосходство может одна нация в вашем мире иметь над другой, когда весь мир находится под угрозой Вторжения? И кто вообще мог бы попытаться добиться личной власти в условиях, когда вторгаются чужие силы? Если свобода должна быть настоящей в вашем мире, то она должна быть общей. Она должна быть признана и известна. Она не может быть привилегией лишь некоторых, иначе в ней не будет реальной силы.

От Невидимых Наставников мы узнали, что уже есть люди, ищущие мирового господства, потому что они верят, что имеют благословение и поддержку пришельцев. Они получили заверения от пришельцев, что будут иметь полную поддержку в своём стремлении к власти. Таким образом они отдают ключи от своей собственной свободы и свободы своего мира. Это демонстрирует отсутствие понимания и мудрости. Они не могут видеть свои собственные ошибки.

Мы также знаем, что существуют те, кто считает, что пришельцы здесь для того, чтобы предоставить духовное возрождение и новую надежду для человечества. Но как могут они это знать, сами не имея представления о Великом Сообществе? Это их надежды и желания, чтобы это было так, и такие желания поощряются пришельцами по вполне понятным причинам.

В вашем мире не должно быть недостатка реальной свободы, реальной власти и реального единства. Мы делаем наше послание доступным для всех и верим, что наши слова могут быть восприняты и рассмотрены серьезно. Тем не менее, ваша ответная реакция находится вне нашего контроля. И предрассудки и страхи вашего мира могут сделать наше послание недоступным для многих. Но потенциал по-прежнему присутствует. Чтобы дать вам больше, нам пришлось бы овладеть вашим миром, но делать это мы не хотим. Таким образом, мы даем вам все, что можем, не вмешиваясь в ваши дела. И всё-таки многие люди желают вмешательства. Они хотят, чтобы их спас кто-то другой. Они не верят в возможности человечества. Они не верят в присущую силу и способности человечества. Они отдадут свою свободу добровольно. Они поверят тому, что им будут говорить пришельцы. И они будут служить своим новым хозяевам, полагая, что то, что им даётся, является освобождением для них.

Свобода является драгоценностью в Великом Сообществе. Никогда это не забывайте. Ваша свобода - наша свобода. Свобода есть не что иное, как способность следовать Знанию – реальности, данной вам Творцом, – и выражать Знание и ему содействовать во всех его проявлениях.

Ваши посетители не имеют такой свободы. Она им неизвестна. Они смотрят на хаос в вашем мире и верят, что порядок, который они навяжут, будет для вас избавлением и спасёт вас от саморазрушения. Это все, что они могут дать, потому что это все, что у них есть. И они будут использовать вас, так как считают это вполне уместным, потому что их самих используют и им не известны другие альтернативы. Они настолько тщательно запрограммированы и психически обусловлены, что «достучаться» до них на уровне их глубокой духовности представляет собой минимальную возможность. Вы не в силах это сделать. Вам придется быть намного сильнее, чем вы есть сегодня, чтобы возыметь спасительное влияние на пришельцев. И все же их подчинение единым правилам не столь необычно в Великом Сообществе. Это весьма распространено в больших коллективах, где следование единым правилам и подчинение имеют большое значение для эффективного функционирования, особенно в обширных регионах космического пространства.

Смотрите на Великое Сообщество без страха и с объективностью. Обстоятельства, которые мы описываем, уже существуют в вашем мире. Вы можете их понять. Манипуляция вам известна. Влияние вам известно. Вы просто никогда с ними не встречались в таких больших масштабах, и вам никогда не приходилось соперничать с другими формами разумной жизни. Следовательно, вы еще не обладаете необходимыми для этого навыками.

Мы говорим о Знании, потому что это ваша величайшая способность. Знание является вашим наибольшим потенциалом, независимо от того, какие технологии вы можете со временем разработать. Вы настолько сильно отстаёте от пришельцев в технологическом развитии, что вы должны полагаться на Знание. Это самая большая сила во Вселенной, и ваши посетители её не используют. Это ваша единственная надежда. Именно поэтому Учение Духовности Великого Сообщества учит Пути Знания, предоставляет Шаги к Знанию и учит Мудрости и Проницательности Великого Сообщества. Без этой подготовки вы не имели бы необходимых навыков и кругозора, чтобы понять вашу дилемму адекватно, эффективно отреагировать. Эта дилемма совершенно для вас новая и слишком большая, и вы не приспособлены к этим новым обстоятельствам.

Влияние пришельцев растет с каждым днем. Каждый, кто это слышит, чувствует и знает, должен изучать Путь Знания – Путь Знания Великого Сообщества. Это призыв. Это дар. Это сложная задача.

При более приятных обстоятельствах необходимость может показаться не такой большой. Но нужда эта огромна, так как у вас нет безопасности, нет места, где можно спрятаться, нет убежища в этом мире от инопланетного присутствия, которое уже здесь. Поэтому существуют только два варианта: вы можете либо подчиниться, либо бороться за свою свободу.

Это важнейший вопрос, встающий перед каждым человеком. Это важный поворотный момент. Вы не можете находиться в заблуждении в Великом Сообществе. Это окружение слишком требовательно. Оно требует мастерства и самоотдачи. Ваш мир слишком ценен. Другие жаждут его ресурсов. Стратегическое положение вашего мира имеет большую важность. Даже если бы вы жили в отдаленном мире, в стороне от всех торговых путей, далеко от всей коммерческой деятельности, в конечном счёте, всё равно кто-нибудь вас обнаружил бы. И это произошло с вами именно сейчас и разворачивается полным ходом.

Крепитесь. Это время для мужества, а не для сомнений. Серьезность ситуации, в которой вы находитесь, только подтверждает важность вашей жизни и вашего отклика, а также важность подготовки, предоставляемой сегодня вашему миру. Это нужно не только для вашего развития и назидания. Это также необходимо для вашей защиты и выживания.

Вопросы и Ответы

У читывая информацию, которую мы предоставили на данный момент, мы считаем необходимым ответить на вопросы, которые, безусловно, должны возникнуть касательно нашей реальности и значимости послания, с которым мы пришли.

◆

«Учитывая отсутствие убедительных доказательств, возникает вопрос: «Почему должны люди верить тому, что вы им рассказываете о Вторжении?»

Во-первых, существует достаточно свидетельств о посещении вашего мира. Нам сказали, что это именно так. Невидимые нам также пояснили, что люди не знают, как правильно понимать эти доказательства, и дают им своё собственное толкование – толкование, обеспечивающее им чувство комфорта и уверенности. Мы уверены, что, уделив достаточное время рассмотрению и изучению этого вопроса, вы найдёте множество доказательств, подтверждающих, что Вторжение в ваш мир происходит уже сегодня. Тот факт, что ваши правительства и религиозные лидеры не раскрывают вам эти вещи, не означает, что это значительное событие не происходит в вашей среде.

◆

«Как могут люди быть уверены в вашей подлинности?»

Что касается нашей реальности, мы не можем продемонстрировать вам наше физическое присутствие, но вы должны понять содержание и смысл наших слов. На этой стадии это не просто вопрос веры. Это требует бо́льшего признания, резонанса и Знания. Слова, которые мы говорим, для нас являются правдой, но это не гарантирует, что они могут быть восприняты, как таковые. Мы не можем контролировать ваш отклик на это послание. Есть люди, требующие больше свидетельств, чем может быть предоставлено. Для других же не будет необходимости в таких доказательствах, поскольку они будут чувствовать внутреннее подтверждение.

Возможно, наше существование будет продолжать оставаться спорным вопросом. И всё же мы надеемся и верим, что наши слова могут быть рассмотрены серьёзно и что существующие доказательства, которые весьма существенны, могут быть собраны и поняты теми, кто готов посвятить этому свои усилия и уделить достаточное внимание. С нашей точки зрения, не существует более важной проблемы, задач и возможностей, требующих вашего внимания в настоящий момент.

Вы находитесь у истоков нового понимания. Это требует веры и уверенности в себе. Многие отвергнут наши слова лишь потому, что они не поверят в возможность нашего существования. Другие, возможно, будут думать, что мы являемся частью какой-то программы, которая в настоящее время внедряется в ваш мир. Мы не можем контролировать подобные реакции. Мы можем лишь предоставить это послание и рассказать о нашем присутствии в вашей жизни, насколько бы удалённым это присутствие не было. Первостепенное значение имеет не наше присутствие здесь, а само послание, которое мы преподносим, и то более широкое видение и понимание, которые мы можем вам предоставить. Ваше образование должно с чего-то начаться. Любое образование начинается с желания знать.

Мы надеемся, что благодаря нашим отчётам, мы можем рассчитывать на часть вашего доверия, чтобы начать передачу того, что у нас имеется для вас.

◆

«*Что вы можете сказать тем, кто рассматривает Вторжение, как позитивное событие?*»

Прежде всего, мы хорошо понимаем ваши ожидания, что все силы, пришедшие с небес, связаны с вашим духовным пониманием, традициями и основным верованиями. Идея того, что во Вселенной существует прозаическая жизнь, является вызовом для этих фундаментальных убеждений. Учитывая нашу точку зрения и опыт, мы понимаем подобные ожидания. Мы также испытывали их в далеком прошлом. И все же мы были вынуждены отказаться от них перед лицом реалий жизни Великого Сообщества и целей посещений.

Вы живете в большой физической Вселенной. Она полна жизни. Эта жизнь представлена в бесчисленных проявлениях и также представлена эволюцией интеллекта и духовной осознанности на всех уровнях. Это означает, что то, с чем вы столкнетесь в Великом Сообществе, заключает в себе практически любые возможности.

Тем не менее, вы до сих пор изолированы и ещё не путешествуете в космосе. Даже если у вас есть возможность коммуникации с другим миром, Вселенная настолько огромна, что никто ещё не имел возможности пересечь Галактику из одного конца в другой с какой бы то ни было скоростью. Физический мир остается огромным и непонятным. Никто не овладел его законами. Никто не завоевал его территории. Никто не может претендовать на полное господство и контроль. Сама жизнь оказывает значительное усмиряющее воздействие. Это является истиной даже далеко за пределами ваших границ.

Следовательно, вы можете ожидать, что встретите разумных существ, представляющих силы добра и силы невежества, и тех, кто более нейтрален по отношению к вам. Однако новые расы, такие как ваша, почти все без исключения, во время своих первых контактов с жизнью Великого Сообщества встречаются с искателями ресурсов, коллективами и теми, кто ищет выгоды для себя.

Что касается позитивной интерпретации посещений, то это является человеческим ожиданием и естественной надеждой на положительные результаты и на получение помощи от Великого Сообщества для решения проблем, с которыми человечество не в состоянии справиться самостоятельно. Это вполне нормально ожидать подобное, особенно когда вы полагаете, что ваши посетители обладают бо́льшими возможностями, чем вы. Тем не менее, большая часть проблемы в интерпретации этих значительных посещений связана с волей и тайными намерениями самих пришельцев, потому что они побуждают людей во всем мире рассматривать их присутствие как совершенно благоприятное для человечества и его нужд.

◆

«Если это Вторжение происходит уже продолжительное время, почему вы не пришли раньше?»

В более раннее время, много лет назад, несколько групп ваших союзников приходили в ваш мир в попытке передать послание надежды, чтобы подготовить человечество. Но, увы, их сообщения не были поняты правильно и были искажены теми немногими, кто смог их принять. Вслед за их приходом здесь собрались и сгруппировались пришельцы из коллективов. Нам было известно, что это произойдет, так как ваш мир слишком ценен, чтобы быть упущенным из виду, и, как мы уже говорили, он не находится в удаленной части Вселенной. За вашим миром велось наблюдение в течение длительного времени теми, кто будет стремиться его использовать для собственной выгоды.

◆

«Почему наши союзники не могут остановить Вторжение?»

Мы здесь только для наблюдения и совета. Решение огромных проблем, стоящих перед человечеством, находится в ваших руках. Никто другой не может их решить за вас. Даже ваши хорошие друзья далеко из-за пределов вашего мира не будут вмешиваться, потому что, если бы они это сделали, это привело бы к войне, и ваш мир стал бы полем битвы между противоборствующими силами. И даже если бы ваши друзья одержали победу, вы стали бы полностью зависимыми от них, не в состоянии постоять за себя или самостоятельно поддерживать собственную безопасность во Вселенной. Мы не знаем ни одной доброжелательный расы, готовой взять на себя подобное бремя. По правде, это не послужило бы вашему благу, потому что вы просто стали бы клиентом иной силы и вами нужно было бы руководить издалека. Это не принесло бы вам никакой пользы, и именно по этой причине подобное вмешательство не происходит. Однако пришельцы будут представлять себя в качестве избавителей и спасителей человечества. Они будут использовать вашу наивность. Они будут опираться на ваши желания и будут стремиться воспользоваться вашим доверием.

Мы искренне желаем, чтобы наши слова стали заслонкой от их присутствия, и их манипуляций и злоупотреблений, потому что ваши права нарушаются. На вашу территорию несанкционированно проникают. Ваши правительства подвергаются влиянию. И ваши религиозные идеологии и побуждения переориентируются.

Вы должны узнать правду обо всём этом. И нам остаётся только верить, что вы сможете услышать эту правду. Мы можем только надеяться, что чужое влияние не зашло слишком далеко.

◆

«Какие реально достижимые цели могут быть для нас установлены и в чём заключается суть спасения человечества от потери своего самоопределения?»

Первым шагом является осознание происходящего. Значительное количество людей должно осознать, что Земля посещается и что чужие силы тайно здесь работают, стремясь скрыть от человеческого понимания свои тайные намерения и деятельность. Вам должно быть совершенно ясно, что их присутствие здесь является большой проблемой для человеческой свободы и самоопределения. Их планы и проводимая Программа Усмирения должны быть нейтрализованы трезвостью и мудростью в отношении их присутствия. Это противодействие должно быть организовано. Сегодня в вашем мире есть много тех, кто способен это понять. Таким образом, первым шагом является осознание.

Следующим шагом является образование. Множество людей в различных культурах и среди разных народов должно узнать о жизни в Великом Сообществе и начать понимать, с чем вы будете иметь дело и даже уже имеете в настоящий момент.

Таким образом, реально достижимые цели — это осознание происходящего и образование в вопросах Великого Сообщества. Это само по себе уже препятствовало бы планам пришельцев в вашем мире. Сейчас они работают, не встречая значительного сопротивления. Они не сталкиваются с большим количеством препятствий. Все те, кто стремится рассматривать их, как «союзников человечества», должны понять, что это не так. Возможно, что только одних наших слов не будет достаточно, но они являются началом этого понимания.

◆

«Где мы можем найти такое образование?»

Вы можете найти это образование в Пути Знания Великого Сообщества, который предоставляется вашему миру в настоящий момент. Хотя он представляет собой новое понимание жизни и духовности во Вселенной, он связан со всеми истинными духовными путями, уже существующими в вашем мире, – духовными путями, ценящими человеческую свободу и смысл подлинной духовности, ценящими сотрудничество, мир и гармонию в человеческом роде. Учение Пути Знания призывает ко всем великим истинам, уже существующим в вашем мире, и дает им более широкий контекст и возможность для выражения. Таким образом, Путь Знания Великого Сообщества не заменяет мировые религии, а предоставляет расширенный контекст, в котором они могут быть по-настоящему значимы и применимы к вашему времени.

◆

«Как мы можем передавать ваше послание другим?»

В данный момент истина живет в каждом человеке. Если вы сможете обратиться к истине, пребывающей в каждом человеке, она станет сильнее и начнёт резонировать. Наша огромная надежда - надежда Невидимых, духовных сил, служащих вашему миру, надежда тех, кто ценит свободу человека и желает видеть ваше вступление в Великое Сообщество успешно завершенным, полагается на эту истину, живущую в каждом человеке. Мы не можем навязать вам эту осознанность насильно. Мы можем только вам её показать и надеяться, что величие Знания, данного вам Творцом, позволит вам и другим адекватно отреагировать.

◆

«В чём заключается сила человечества для действенного противостояния Вторжению?»

Во-первых, благодаря нашим собственным наблюдениям за вашим миром и тому, что Невидимые нам сообщили, что мы не можем видеть, мы понимаем, что, хотя в вашем мире и существуют большие проблемы, всё же у вас имеется достаточно человеческой свободы, чтобы обеспечить хорошую основу для противодействия Вторжению, в отличие от многих других миров, где свобода личности изначально не была создана. Когда эти миры сталкиваются с чужими силами в своей среде и с реальностью Великого Сообщества, их возможности утвердить свою свободу и независимость весьма ограничены.

Вы обладаете огромной силой благодаря человеческой свободе, которая существует в вашем мире и ценится многими, хотя, возможно, не всеми. Вы знаете, что вам есть что терять. Вы цените то, что уже имеете, независимо от того, до какой степени это было развито. Вы не хотите находиться под чужим господством. Вы даже не хотите, чтобы вами жестоко управляли человеческие органы власти. Уже это является хорошим началом.

Во-вторых, так как ваш мир обладает богатыми духовными традициями, которые благоприятствуют проявлению Знания в людях и способствуют человеческому сотрудничеству и пониманию, это означает, что реальность Знания уже установлена. Опять же, в других мирах, где Знание не было изначально создано, возможность для его формирования в критический момент вступления в Великое Сообщество не оставляет надежды на успех. Достаточное количество людей в вашем мире обладает достаточным Знанием для того, чтобы они могли узнать о реальности жизни в Великом Сообществе и понять, что происходит в настоящее время в их среде. Именно по этой причине мы полны надежды, так как верим в человеческую мудрость. Мы верим, что люди могут превзойти эгоизм и озабоченность личной безопасностью, чтобы взглянуть на жизнь в более широком масштабе и почувствовать бóльшую ответственность в служении человеческому роду.

Возможно, наша уверенность является необоснованной, но мы верим, что Невидимые нам дали мудрый совет относительно этого вопроса. В результате, мы добровольно подвергаем себя риску, находясь в непосредственной близости от вашего мира и будучи свидетелями событий, происходящих за пределами ваших границ, которые оказывают непосредственное влияние на ваше будущее и дальнейшую судьбу.

Человечество имеет хорошие перспективы. Растет осознанность людей о проблемах, существующих в мире: это отсутствие сотрудничества между народами, разрушение окружающей природной среды, иссякающие ресурсы и так далее. Если бы эти проблемы не были известны вашему народу, если бы эти факты были скрыты от ваших людей до такой степени, что они не имели бы понятия о существовании этих вещей, то у нас не было бы подобной надежды. Но реальность показывает, что человечество обладает возможностями и потенциалом противодействовать любому вмешательству в свой мир.

◆

«Может ли это вмешательство превратиться в военное вторжение?»

Как мы уже говорили, ваш мир слишком ценен, чтобы прибегнуть к военному вторжению. Те, кто посещает ваш мир, не хотели бы уничтожить его инфраструктуру или природные ресурсы. Вот почему пришельцы не собираются уничтожать человечество, но вместо этого хотят привлечь его на службу своим коллективам.

Вам угрожает не военное вторжение, а воздействие силы убеждения и влияния. Это воздействие будет основано на вашей собственной слабости, на вашем собственном эгоизме, на вашем незнании жизни Великого Сообщества и на вашем слепом оптимизме в отношении своего будущего и смысла жизни за пределами ваших границ.

Чтобы противостоять этому, мы предоставляем необходимое образование и информируем вас о способах подготовки, посылаемых в настоящий момент в ваш мир. Если бы вам не была известна человеческая свобода, если бы вы ничего не знали о проблемах, характерных для вашего мира, то мы не могли бы доверить вам такую подготовку; у нас не было бы уверенности, что наши слова стали бы резонировать с известной вам истиной.

◆

«Можете ли вы влиять на людей так же сильно, как пришельцы, но в позитивном направлении?»

Нашей целью не является влиять на людей. Наша цель только показать вам проблемы и реальность, в которую вы вступаете. Невидимые предоставляют действенные способы подготовки, исходящие от Творца всей жизни. Уже этим самым Невидимые оказывают позитивное влияние на людей. Но есть сдерживающие факторы. Как мы уже упоминали, должно быть укреплено ваше самоопределение. Вам нужно утвердиться в своей мощи. В человеческом роде должно поддерживаться тесное сотрудничество.

Есть предел в том, сколько помощи мы можем предоставить. Наша группа невелика. Мы не находимся среди вас. Таким образом, глубокое понимание вашей новой реальности должно распространяться от человека к человеку. Это не может быть навязано вам чужой внешней силой, даже если это для вашего же собственного блага. Если бы мы внедряли подобную программу влияния, то тем самым мы не поддерживали бы вашу свободу и самоопределение. Вы не можете себя вести, как дети. Вы должны стать взрослыми и ответственными. Это ваша свобода находится под угрозой. Это ваш мир пребывает в опасности. Это ваше сотрудничество друг с другом, которое так необходимо.

Теперь у вас есть важнейшее общее дело, требующее объединения вашей расы, ибо вы не сможете добиться успеха друг без друга. Ни одна нация не получит пользу от того, что другая нация попадёт под чужой инопланетный контроль. Свобода человека должна быть полной. Сотрудничество должно происходить повсеместно в вашем мире, потому что все сейчас находятся в одной и той же ситуации. Пришельцы не отдают предпочтение одной группе по сравнению с другой, одной расе по сравнению с другой, одной нации по сравнению с другой. Они лишь идут по пути наименьшего сопротивления, чтобы утвердить здесь своё присутствие и установить своё господство над вашим миром.

◆

«Насколько глубоко их проникновение в человеческую среду?»

Бóльшая часть пришельцев присутствует в наиболее развитых странах вашего мира, в частности, в России, Японии, Соединенных Штатах и в странах Европы. Они рассматриваются, как сильные страны, обладающие наибольшей властью и влиянием. Именно здесь сосредоточены пришельцы. Но они похищают людей из разных частей мира и подвергают Программе Усмирения всех тех, кого они захватывают, если эти индивидуумы поддаются их влиянию. Таким образом, пришельцы присутствуют во всем мире, но они концентрируют своё внимание на тех, кого надеются превратить в своих союзников. Это те нации, правительства и религиозные лидеры, которые имеют наибольшую силу и власть над человеческой мыслью и убеждениями.

◆

«Сколько времени у нас ещё есть?»

Сколько времени у вас ещё есть? Некоторый запас времени у вас ещё имеется, но мы не можем сказать сколько. Мы пришли со срочным посланием. Это не та проблема, которую можно было бы легко избежать или отрицать. С нашей точки зрения это важнейшая задача, стоящая перед человечеством – ваша первоочередная забота. Ваша подготовка претерпела задержку. Это было вызвано многими факторами вне нашего контроля. Но если вы в состоянии правильно откликнуться, то время ещё есть. Результат трудно предугадать, но надежда на успех пока еще имеется.

◆

«Как можем мы сосредоточить наше внимание на этом
Вторжении, учитывая важность других глобальных
проблем, стоящих перед человечеством прямо сейчас?»

Прежде всего, мы считаем, что в вашем мире нет других проблем, более важных, чем эта. С нашей точки зрения, решение ваших сегодняшних проблем не будет иметь большого значения в будущем, если ваша свобода окажется утеряна. Что бы вы надеялись приобрести? Что бы вы надеялись достичь или обезопасить, если вы не свободны в Великом Сообществе? Все ваши достижения достались бы вашим новым правителям, и все ваши богатства были бы дарованы им. И, хотя ваши посетители не являются жестокими, они полностью посвящены реализации своего плана. Вас они ценят лишь постольку, поскольку вы можете быть полезны для их дела. Именно по этой причине мы считаем, что нет более важных проблем, стоящих перед человечеством, чем эта.

◆

«Кто сможет быстрее других адекватно откликнуться на
эту ситуацию?»

Говоря о тех, кто сможет правильно откликнуться, нужно отметить, что есть много людей в вашем мире, имеющих внутреннее знание относительно Великого Сообщества и чувствительных к этому. Есть много других, которые уже похищались пришельцами, но не поддались их влиянию. И существует также много тех, кто озабочен будущим мира и насторожен опасностью, угрожающей человечеству. Люди, относящиеся ко всем трём или хотя бы к одной из этих трёх категорий, могут быть одними из первых, кто адекватно откликнется на реальность Великого Сообщества и на подготовку к Великому Сообществу. Они могут принадлежать к любому социальному слою, любому народу, любой религиозной или экономической группе. Они рассеяны буквально по всему миру. Именно от них и от их участия зависят великие Духовные Силы, которые защищают человечество и заботятся о его благополучии.

◆

«Вы говорили, что во всем мире происходят похищения отдельных людей. Как могут люди защитить себя и других от этого?»

Чем сильнее в Знании и более осведомлёнными о присутствии пришельцев вы сможете стать, тем менее желанным предметом их исследований и манипуляций вы будете. Чем больше вы используете ваши встречи с ними, чтобы разобраться в их природе, тем бо́льшую опасность вы для них представляете. Как мы уже говорили, они ищут путь наименьшего сопротивления. Им нужны люди, которые послушны и уступчивы; те, кто вызывает минимум беспокойства и создаёт мало проблем.

Тем не менее, если вы станете сильными в Знании, вы будете вне их контроля, потому что в этом случае они не смогут пленить ваш разум и ваше сердце. И со временем вы будете иметь силу восприятия, позволяющую видеть их ум, а это то, чего они не хотят. Вы станете для них опасностью, вызовом, и они будут избегать вас, насколько это возможно.

Пришельцы не желают быть раскрытыми. Они не хотят конфликта. Они слишком уверены, что могут достичь своих целей без серьезного сопротивления со стороны человеческого рода. Но как только такое сопротивление будет сформировано, как только сила Знания пробудится в человеке, пришельцы столкнутся с гораздо более серьёзным препятствием. Их вмешательство в вашу жизнь станет более сложной задачей. Их влияние на тех, кто находится у рычагов власти, будет всё труднее осуществлять. В этой ситуации крайне важным является личный отклик каждого и стремление к истине.

Осознайте присутствие пришельцев. Не позволяйте себя убедить, что их присутствие здесь имеет духовный характер или что оно несёт с собой большие преимущества и спасение для человечества. Не поддавайтесь влиянию. Восстановите ваши собственные внутренние силы – великий дар, данный вам Творцом. Станьте силой, с которой нельзя не считаться со стороны любого, кто нарушает ваши главные человеческие права или ими злоупотребляет.

Это выражение духовной силы. Это Воля Творца, чтобы человечество вступило в Великое Сообщество объединённым и свободным от чужого вмешательства и господства. Это воля Творца, чтобы вы подготовились к будущему, которое не будет похожим на ваше прошлое. Мы здесь в служении Творцу, и, следовательно, наше присутствие и наши слова служат этой цели.

◆

«Если пришельцы столкнутся с сопротивлением в лице отдельных людей или всего человечества, они появятся здесь в большем количестве или же просто удалятся?»

Их количество невелико. Если они столкнутся со значительным сопротивлением, им придётся отступить и строить новые планы. Они полностью уверены, что их миссия может быть выполнена без серьезных препятствий. Однако при возникновении серьезных препятствий их вторжение и влияние потерпят неудачу, и им придется искать другие способы вступления в контакт с человечеством.

Мы верим, что человечество сможет оказать достаточное сопротивление и проявить единство для того, чтобы противостоять этим влияниям. Именно на этом основываются наши надежды и усилия.

◆

«Какие наиболее важные вопросы мы должны задать себе и другим в связи с этой проблемой инопланетного проникновения?»

Возможно, наиболее важные вопросы, которые мы должны задать себе, следующие: «Являемся ли мы, люди, одинокими во Вселенной или в нашем собственном мире? Посещают ли нас в настоящее время? Являются ли эти посещения полезными для нас? Нужно ли нам готовиться?»

Это очень важные вопросы, но они должны быть заданы. Однако есть много вопросов, на которые вы ещё не можете найти ответ, потому что не имеете достаточных знаний о жизни в Великом Сообществе, и вы еще не уверены, что способны противостоять этим воздействиям. Человеческому образованию, которое в основном сосредоточено на прошлом, не достаёт многих вещей. Человечество выходит из продолжительного состояния относительной изолированности. Его образование, его ценности и его учреждения были созданы в рамках этого изолированного состояния. И всё же ваша изоляция в настоящее время прекратилась навсегда. Изначально было известно, что это произойдёт. Это было неизбежно. Ваше образование и ваши ценности приобретают новый контекст, к которому они должны быть адаптированы. И эта адаптация должна происходить быстро в связи с характером Вторжения в современном мире.

Будет много вопросов, на которые вы не будете иметь ответов. Вам придется с этим смириться. Ваше образование в вопросах Великого Сообщества ещё только начинается. Вам следует приступить к нему с большой трезвостью и вниманием. Вы должны бороться со своим желанием сделать ситуацию приятной и обнадеживающей. Вам нужно развивать объективный взгляд на жизнь, а также выйти за рамки ваших личных интересов для того, чтобы быть в состоянии правильно отреагировать на появление более мощных сил и на глобальные события, формирующие ваш мир и ваше будущее.

◆

«Что произойдёт, если достаточное количество людей не сможет откликнуться?»

Мы уверены, что достаточно много людей смогут откликнуться и начать своё глобальное образование касательно жизни в Великом Сообществе для того, чтобы дать шанс и надежду человеческому роду. Если это окажется невозможным, то тем, кто ценит свою свободу и кто имеет это образование, придется удалиться. Им придётся сохранять Знание живым в вашем мире, в то время, как сам мир попадёт под полный контроль. Это очень трагичная альтернатива, и всё-таки такое уже происходило в других мирах. Обратный путь к свободе из такого положения довольно труден. Мы надеемся, что вас не постигнет такая судьба, и именно поэтому мы находимся здесь и передаём вам эту информацию. Как мы уже говорили, в вашем мире есть достаточное количество людей, которые могут разумно откликнуться, чтобы противодействовать намерениям пришельцев и помешать их влиянию на человеческие дела и человеческие ценности.

◆

«Вы говорите о других мирах, вступающих в Великое Сообщество. Могли бы вы рассказать об успехах и неудачах, применимых к нашей ситуации?»

Конечно, успехи были, иначе нас бы здесь не было. Я являюсь представителем этой группы, и в данном конкретном случае в наш мир уже значительно проникли, прежде чем мы осознали ситуацию. Наше образование было в срочном порядке организовано прибывшей группой таких же эмиссаров, предоставляющих правильное толкование и информацию о нашей ситуации. Инопланетные торговцы ресурсов уже взаимодействовали с правительством нашего мира. Тех, кто был у власти в то время, убедили, что торговля и коммерция могут быть нам на полезны, ибо мы уже испытывали истощение ресурсов. Хотя наша раса была объединена, в отличие от вашей, мы начинали зависеть почти полностью от новых технологий и возможностей, которые нам предоставлялись. И именно тогда, когда всё это происходило, случилось смещение центра власти. Мы становились клиентами. Пришельцы становились поставщиками. По прошествии времени были введены незаметно для нас ограничения и условия для нас изменились.

Наши религиозные убеждения и ориентация также подпали под влияние пришельцев, которые проявили интерес к нашим духовным ценностям, но желали дать нам новое понимание – понимание, основанное на коллективном мышлении, основанное на сотрудничестве умов, мыслящих одинаково, в унисон друг другу. Это было представлено нашей расе, как выражение духовности и высоких достижений. Некоторые попали под влияние, но благодаря хорошему совету союзников из-за пределов нашего мира, таких же союзников, какими являемся мы сегодня, мы начали создавать движение сопротивления, и со временем смогли заставить пришельцев покинуть наш мир.

С тех пор мы узнали многое о Великом Сообществе. Мы ведём торговлю очень избирательно, только лишь с несколькими другими нациями. Нам удалось избежать управления этими группами, и это сохранило нашу свободу. И все же, подобного успеха было очень трудно добиться, ибо многие из нас погибли в процессе этого конфликта. Наша история сопротивления имела успешный исход, но не без потерь. Есть и другие в нашей группе, кто испытал подобные трудности в своём взаимодействии со вмешивающимися силами из Великого Сообщества. И всё же благодаря тому, что мы научились путешествовать за пределы наших границ, мы достигли союзничества друг с другом. Мы смогли узнать, что означает духовность в Великом Сообществе. И Невидимые, которые также служат нашему миру, помогли нам осуществить этот значительный переход от изоляции к осознанию Великого Сообщества.

Тем не менее, было также много неудач, о которых мы знаем. Те культуры, в которых коренные народы не обеспечили свободу личности и не вкусили плодов сотрудничества, хотя и продвигались вперёд в технологическом отношении, всё же не имели основы для создания своей независимости во Вселенной. Их возможности противостоять коллективам были очень ограничены. Убеждённый обещаниями более мощной власти, лучших технологий и богатств и соблазнённый кажущейся выгодой от торговли в Великом Сообществе, их мир лишился своего руководящего центра силы. В конечном итоге они стали полностью зависимыми от тех, кто занимался их снабжением и кто получил контроль над их ресурсами и инфраструктурами.

Конечно, вы можете себе представить, как такое могло произойти. Даже в вашем собственном мире в ходе истории, вы видели, как малые нации попадали под господство бóльших. Это можно наблюдать также и сегодня. Эти идеи не являются полностью чуждыми для вашего понимания. В Великом Сообществе, так же как и в вашем мире, сильный при возможности доминирует над слабым. Такова реальность жизни. Именно по этой причине мы поддерживаем развитие вашего сознания и поддерживаем вашу подготовку, чтобы вы могли стать сильными и ваше самоопределение могло укрепляться.

Для многих узнать и понять, что свобода является редкостью во Вселенной, может стать серьезным разочарованием. По мере того, как нации становятся сильнее и более развитыми технологически, они требуют всё большей однородности и подчинения народов. Чем больше они сближаются с Великим Сообществом и активней принимают участие в его делах, тем менее терпимыми они становятся к индивидуальному самовыражению вплоть до того момента, когда большие нации, обладающие богатством и властью, начинают регулироваться со строгостью и требовательностью, которые вы нашли бы отвратительными.

Вы должны понять, что технологическое развитие и духовное развитие не одно и то же, – урок, который человечеству ещё предстоит выучить и который вы обязаны выучить, если вы хотите использовать в вопросах вашу врождённую мудрость.

Ваш мир очень ценится. Он богат в биологическом отношении. Вы обладаете сокровищем, которое вы должны защищать, если вы хотите быть его полноправными владельцами и распорядителями. Подумайте о тех народах вашего мира, которые потеряли свою свободу лишь потому, что они жили в местах, которые очень ценились другими. Теперь над всем человеческим родом нависает такая угроза.

◆

«В связи с тем, что пришельцы очень искусны в проектировании мыслей и влиянии на Ментальную Среду людей, можем ли мы быть уверены в том, что то, что мы видим, является реальным?»

Единственной основой для мудрого восприятия является развитие Знания. Если вы верите только тому, что вы видите, то вы будете верить только тому, что вам показывают. Нам сказали, что многие среди вас придерживаются именно этой точки зрения. Мы также узнали, что Мудрые повсеместно должны достичь большей проницательности и способности различать. Это правда, что пришельцы могут проецировать изображения ваших святых и ваши религиозные образы. Хотя это и не практикуется часто, это вполне может быть использовано для того, чтобы вызвать приверженность и преданность среди тех, кто уже имеет подобные убеждения. При этом ваша духовность становится зоной повышенной уязвимости, где должна использоваться Мудрость.

Творец дал вам Знание, как основу для истинной способности различать. Вы можете узнать то, что вы видите, если спросите себя, реально ли это. Но для этого вы должны иметь эту основу, и именно поэтому обучение Пути Знания имеет фундаментальное значение в изучении Духовности Великого Сообщества. Без этого люди будут верить тому, чему они хотят верить, и будут полагаться на то, что они видят и что им показывают; и их потенциал для достижения свободы будет уже утрачен, так как им не позволили раскрыться изначально.

◆

«Вы говорите о том, чтобы не давать Знанию угаснуть. Сколько людей потребуется, чтобы не дать Знанию угаснуть в нашем мире?»

Мы не можем назвать вам точное количество, но оно должно быть достаточным для утверждения сильного голоса в ваших собственных культурах. Если это послание достигнет лишь немногих, то они не будут иметь сильного голоса и мощи. Они должны делиться своей мудростью. Она существует не только для их личного наставления. Многие другие должны узнать об этом послании, их должно быть гораздо больше, чем только те, кто смог получить его на сегодняшний день.

◆

«Возникает ли опасность при представлении этого послания?»

Опасность всегда существует при представлении истины, не только в вашем мире, но и в других местах. Люди извлекают выгоду из обстоятельств, существующих в настоящее время. Пришельцы предложат выгодные условия тем, стоящим у власти, кто готов их принять и кто не силен в Знании. Люди легко привыкают к подобным преимуществам и строят свою жизнь на их основе. Это заставляет их противиться или даже враждебно относиться к предоставляемой истине, которая взывает к их ответственности в служении другим и которая может поставить под угрозу основу их богатства и достижений.

Вот почему мы скрыты и не присутствуем в вашем мире. Конечно, пришельцы уничтожили бы нас, если бы они смогли нас найти. Но и человечество также могло бы попытаться уничтожить нас из-за того, что мы из себя представляем для них, из-за трудностей, о которых мы рассказываем, и той новой реальности, что мы демонстрируем. Не все готовы принять истину, даже когда это крайне необходимо.

◆

«Могут ли люди, сильные в Знании, влиять на пришельцев?»

Шансы на успех здесь очень ограничены. Вы имеете дело с коллективом существ, которые были выращены, чтобы быть послушными, чья жизнь и опыт порождены и окружены коллективным умом. Они не думают сами за себя. Именно поэтому мы не считаем, что вы сможете влиять на них. Лишь немногие представители человеческого рода в силах это сделать, но даже здесь возможность для достижения успеха была бы весьма ограниченной. Таким образом, ответ должен быть «нет»; вы не можете победить их ни для каких практических целей.

◆

«Насколько отличаются коллективы от объединенного человечества?»

Коллективы включают в себя различные расы, а также тех, кто был выведен искусственным путем, чтобы служить этим расам. Многие из существ, которые в настоящее время встречаются в вашем мире, выведены коллективами, чтобы быть их слугами. Они давно потеряли своё генетическое наследие. Их выращивают для службы так же, как вы разводите животных, чтобы они вам служили. Человеческое сотрудничество, которое мы поддерживаем, это сотрудничество, сохраняющее самоопределение личности и обеспечивающее позицию мощи, обладая которой человечество может взаимодействовать не только с коллективами, но и с теми, кто посетит ваши берега в будущем.

Коллектив основывается на одной вере, одном наборе принципов и одном органе власти. Его акцент ставится на полной преданности одной идее или идеалу. Это укорено не только в воспитании ваших посетителей, но также и в их генетическом коде. Именно поэтому они ведут себя соответственным образом. Это одновременно их сила и слабость. Они обладают огромной силой в Ментальной Среде, потому что их умы объединены. Но в то же время они слабы, потому что не могут думать сами о себя. Они не могут успешно справляться со сложностями и неожиданностями. Мужчины или женщины, всё, сильные в Знании, были бы не понятны для них.

Человечество должно объединиться, чтобы сохранить свою свободу, но это предприятие, совершенно отличающееся от создания коллектива. Мы называем их «коллективами», поскольку они представляют собой объединения различных рас и наций. Коллективы не состоят из одной расы. Хотя в Великом Сообществе и существует множество рас, управляемых одним доминирующим органом власти, тем не менее, коллектив — это организация, которая выходит далеко за пределы преданности одной расы только своему собственному миру.

Коллективы могут обладать огромной мощью. Но из-за того, что существует множество коллективов, они, как правило, конкурируют друг с другом, и это ликвидирует ситуацию, когда один из них мог бы стать доминирующим. Кроме того, различные нации в Великом Сообществе имеют давние споры друг с другом, и их трудно разрешить. Возможно, они в течение длительного времени соперничали за одни и те же ресурсы. Возможно, они конкурируют друг с другом в вопросе продажи имеющихся у них ресурсов. Но коллективы — это совсем другое дело. Как мы уже говорили, они не основаны на одной расе и одном мире. Они являются результатом завоевания и господства. Вот почему пришельцы в вашем мире представляют из себя различные расы существ на разных уровнях власти и управления.

◆

«Сохранилась ли индивидуальная свобода мысли в других мирах, которые успешно объединились?»

В той или иной степени. В некоторых на очень высоком уровне, в других в меньшей степени, в зависимости от их истории, психологического склада и потребностей для их собственного выживания. Ваша жизнь в этом мире была относительно легкой по сравнению с тем, как развивались другие расы. Большинство мест, где существует разумная жизнь, были колонизированы, потому что существует не так много планет земного типа, как ваша, обладающих таким богатством биологических ресурсов. Их свобода во многом зависит от богатства их окружающей среды. Но они все смогли успешно предотвратить чужое проникновение и создать собственные пути торговли, коммерции и коммуникации на основе собственного самоопределения. Это редкое достижение, которое нужно заслужить и защищать.

◆

«Что необходимо для достижения человеческого единства?»

Человечество очень уязвимо в Великом Сообществе. Эта уязвимость со временем может способствовать фундаментальному сотрудничеству внутри человеческого рода, поэтому вы должны объединиться и сплотиться для того, чтобы выжить и дальше развиваться. Это является частью процесса осознания Великого Сообщества. Если это основывается на принципах человеческого общего вклада, свободы и самовыражения, то ваша самодостаточность может стать очень прочной и надёжной. Но сотрудничество в вашем мире должно расти. Люди не могут жить только ради себя или ставить свои личные цели выше нужд всех остальных. Некоторые могут рассматривать это как потерю свободы. Мы же видим в этом гарантию будущей свободы. Потому что, принимая во внимание существующее сегодня в вашем мире поведение, вашу будущую свободу было бы весьма трудно обеспечить и поддерживать. Будьте осторожны. Те, кто движим своим эгоизмом, являются идеальными кандидатами для чужого влияния и манипуляций. Если они находятся у рычагов власти, они отдадут богатства и ресурсы своей страны и свободу своего народа ради того, чтобы обрести личную выгоду.

Таким образом, требуется расширение сотрудничества. Конечно, вы можете сами это увидеть. Это очевидно даже на примере вашего собственного мира. Но это сильно отличается от жизни в рамках коллектива, где над расами доминируют и их контролируют, где те, кто уступчивы, включаются в коллективы, а те, кто нет, отчуждаются или уничтожаются. Конечно, подобная организация, хотя и может иметь значительное влияние, никогда не будет полезной для её членов. И все же многие в Великом Сообществе выбрали этот путь. Мы не хотим видеть человечество вошедшим в такую организацию. Это была бы огромная потеря и трагедия.

◆

«Насколько отличается человеческая точка зрения от вашей?»

Одним из отличий является то, что мы развили в себе перспективу видения Великого Сообщества, которая представляет собой менее эгоцентричный взгляд на окружающий мир. Эта точка зрения даёт бóльшую ясность и может дать вам уверенность относительно меньших проблем, с которыми вы сталкиваетесь в своей повседневной жизни. Если вы знаете, как решить бóльшую проблему, то вы всегда сможете справиться с меньшей. Большая проблема у вас сейчас имеется. Каждый человек в вашем мире стоит перед этой огромной проблемой. Она может вас объединить и дать вам возможность преодолеть давние разногласия и конфликты. Настолько она огромна и сложна. Вот почему мы говорим, что в самих обстоятельствах, представляющих угрозу для вашего благополучия и вашего будущего, заключается одновременно и возможность для искупления.

Мы знаем, что сила Знания в человеке может вывести этого человека, все его связи и отношения на более высокий уровень достижений, способностей и признания. Вы должны сами это обнаружить.

Наши жизни очень разные. Одним из отличий является то, что наши жизни отданы служению – служению, которое мы выбрали. У нас есть свобода выбора, и, следовательно, наш выбор является настоящим и значимым и основан на нашем собственном понимании. Наша группа включает в себя представителей из нескольких различных миров. Мы собрались вместе для службы человечеству. Мы представляем бо́льший альянс, являющийся по своему характеру более духовным.

◆

«Это послание передаётся через одного человека. Почему вы не контактируете со всеми, если всё это так важно?»

Это просто вопрос эффективности. Мы не определяем, кто избирается для получения наших сообщений. Это дело Невидимых Наставников, тех, кого вы могли бы справедливо назвать «ангелами». Мы о них думаем именно так. Они выбрали этого человека – человека, который не занимает важной позиции и не признан в вашем мире, человека, который был выбран из-за его качеств и по причине его наследия в Великом Сообществе. Мы рады, что существует тот, через кого мы можем говорить. Если бы мы говорили через многих, то они, возможно, не соглашались бы друг с другом, и послание могло бы исказиться и утеряться.

Из нашего собственного опыта обучения мы знаем, что передача духовной мудрости, как правило, осуществляется через одного человека, при поддержке других. Этот человек должен быть способным вынести бремя и риск быть выбранным в этой роли. Мы уважаем его за это и понимаем, какой тяжёлой ношей это может быть. Может случиться так, что это будет неправильно истолковано, и именно поэтому Мудрые должны оставаться скрытыми. Мы должны оставаться скрытыми. Он должен оставаться скрытым. Таким образом, послание может быть передано, и посланник будет сохранён.

Ибо будет враждебность по отношению к этому посланию. Пришельцы будут против него, и они уже сейчас против него. Их оппозиция может быть значительной, но в первую очередь будет нацелена против самого посланника. Именно по этой причине посланник должен быть защищён.

Мы знаем, что ответы на эти вопросы вызовут ещё больше вопросов. И на многие из них не будет ответа, возможно, в течение ещё длительного времени. Мудрые повсеместно должны жить с вопросами, на которые они пока не могут ответить. Именно благодаря их терпению и настойчивости появляются правильные ответы, и они способны их осознать и воплотить.

Человечество находится в начале нового пути. Оно столкнулось с очень трудной ситуацией. Нужда в новом образовании и понимании велика. Мы здесь для того, чтобы служить этой нужде по просьбе Невидимых Наставников. Они полагаются на нас в том, что мы поделимся нашей мудростью, потому что мы, так же, как и вы, живем в физической Вселенной. Мы не ангельские существа. Мы не совершенны. Мы не достигли больших высот духовного осознания и самореализации. И поэтому мы надеемся, что наше послание для вас касательно Великого Сообщества будет более актуальным и легким для восприятия. Невидимые знают гораздо больше, чем мы о жизни во Вселенной и об уровнях развития и достижений, имеющихся и практикующихся в различных её точках. Тем не менее, они поручили нам говорить о действительности физической жизни, потому что мы в полной мере в неё вовлечены; мы узнали благодаря нашему собственному пути проб и ошибок, важность и смысл того, чем мы с вами делимся.

Таким образом, мы пришли как Союзники Человечества, ибо мы таковыми являемся. Радуйтесь, что у вас есть союзники, которые могут вам помочь, дать необходимое образование и поддержать вашу силу, вашу свободу и ваши достижения. Без этой помощи перспективы вашего выживания при той форме чужого внедрения, что вы испытываете сейчас, будут весьма ограничены. Конечно, могли бы найтись отдельные индивидуумы, которые осознавали бы ситуацию, как она есть на самом деле, но их число не было бы значительным, и их голоса не были бы слышны.

Здесь мы можем лишь просить вас о доверии. Мы надеемся, что благодаря мудрости наших слов и имеющейся у вас возможности постичь их смысл и обоснованность, мы сможем со временем приобрести это доверие, ибо у вас есть союзники в Великом Сообществе. У вас есть хорошие друзья за пределами этого мира, пережившие в прошлом те трудности, с которыми вы сталкиваетесь сейчас, и добившиеся успеха. Так как мы сами в своё время получили помощь, мы должны теперь помогать другим. Это наше священное обязательство, и мы ему твердо привержены.

Р Е Ш Е Н И Е

◆

ПО СВОЕЙ СУТИ,

РЕШЕНИЕ ПРОБЛЕМЫ ВТОРЖЕНИЯ ЗАКЛЮЧАЕТСЯ НЕ В

ТЕХНОЛОГИИ, ПОЛИТИКЕ ИЛИ ВОЕННОЙ СИЛЕ.

Речь идёт об обновлении человеческого духа;

об осознании Вторжения людьми и о выступлении против него;

о прекращении изоляции и насмешек, сдерживающих людей от

выражения того, что они видят и знают;

о преодолении страха, уклонения, фантазий и обмана;

о превращении людей в сильных, осознанных и уверенных в себе.

Союзники человечества предоставляют свой важный совет,
позволяющий нам узнать о Вторжении и противостоять его
влиянию. Союзники призывают нас использовать для этого наши
врождённые умственные способности и наше
право распоряжаться своей судьбой, как свободной расой в
Великом Сообществе.

Настало время действовать.

МИР ОБРЕТАЕТ НОВУЮ НАДЕЖДУ

Надежду в мире возрождают те, кто становится сильными в Знании. Надежда может угасать и затем появляться вновь. Может показаться, что она появляется и исчезает в зависимости от того, в каком направлении двигаются люди и какой выбор они делают. Надежда находится в ваших собственных руках. То, что Невидимые находятся здесь, само по себе ещё не означает, что надежда есть, потому что без вас, не было бы никакой надежды. Вы и другие, такие же как вы, несёте новую надежду миру, потому что вы учитесь получать дар Знания. Это рождает новую надежду в вашем мире. Возможно, вы не можете видеть это ясно в настоящий момент. Возможно, вам это кажется выходящим за пределы вашего понимания. Но с более широкой перспективы видения это верно и крайне важно.

Вступление вашего мира в Великое Сообщество призывает к этому, потому что если бы никто не готовился к Великому Сообществу, если бы никто не изучал Путь Знания Великого Сообщества или Духовность Великого Сообщества, то надежда казалась бы угасающей. И судьба человечества казалась бы совершенно непредсказуемой. Но, поскольку мир обретает надежду, поскольку появляется надежда благодаря вам и другим, таким же как вы, кто откликается на этот важный призыв, судьба человечества имеет лучшие перспективы и свобода человечества еще может быть обеспечена.

◆

ИЗ «ШАГОВ К ЗНАНИЮ: ПРОДОЛЖЕНИЕ ПОДГОТОВКИ»

Сопротивление

&

Утверждение своих прав

◆

СОПРОТИВЛЕНИЕ &
УТВЕРЖДЕНИЕ СВОИХ ПРАВ

Этика Контакта

Hа каждом шагу Союзники призывают нас принять активную роль в распознавании внеземного Вторжения, происходящего сегодня в нашем мире, и в противостоянии ему. Это включает в себя расстановку приоритетов и предъявления наших прав, как коренных жителей этого мира, и создание наших собственных Правил Контакта в отношении всех настоящих и будущих контактов с другими расами разумных существ.

Наблюдение за естественной природой и взгляд на историю человечества в полной мере демонстрируют нам уроки вторжения: борьба за ресурсы — это естественная часть бытия, что вторжение одной культуры в пределы другой всегда происходит в личных интересах и несет разрушение для культуры и свободы людей новой обнаруженной цивилизации, и что сильный всегда при возможности доминирует над слабым.

В то же время вполне возможно, что внеземные цивилизации, посещающие наш мир, могут быть исключением из этого правила, такое исключение должно быть полностью доказано путём предоставления человечеству права доступа к любому посещению. Этого в действительности не произошло. Вместо этого человечество постигло то, что в результате Контакта наши права и авторитет как цивилизации, населяющей этот мир, были проигнорированы. «Пришельцы» преследовали свои собственные цели без одобрения и информированного участия землян.

Как ясно показывают Отчёты Союзников и большинство исследований НЛО, этичный контакт не происходит в настоящее время. В то время как это может быть уместным для внеземной цивилизации делиться с нами своим опытом и мудростью издалека, как это сделали Союзники, чужим расам не следует являться сюда без приглашения и пытаться вмешиваться в человеческие дела даже под предлогом оказания нам помощи. Принимая во внимание, что развитие человечества на данный момент находится на ранней стадии, делать подобное не является этичным.

Человечество не имело возможности установить собственные Правила Контакта или обозначить пределы, которые каждая коренная цивилизация должна установить для собственной безопасности и защиты. Выполнение этой задачи способствовало бы сплочённости и сотрудничеству среди людей, поскольку нам пришлось бы объединиться для достижения этой цели. Подобные действия потребовали бы осознания того, что мы являемся одним народом, разделяющим этот мир, что мы не одни во Вселенной и что наши границы в космосе должны быть чётко установлены и защищены. Печально, что этот необходимый процесс развития скрывается в настоящее время и люди остаются в неведении и неподготовленности.

Отчеты Союзников были посланы, чтобы поддержать подготовку человечества к реалиям жизни в Великом Сообществе. Послание Союзников человечеству — это демонстрация того, что действительно является моральным и этичным Контактом. Союзники сохраняют принцип невмешательства, уважая наш суверенитет, наши возможности, как обитателей этой планеты, и наши полномочия, в то же время, поддерживая единство и подготовку, которые понадобятся человечеству для вступления в Великое Сообщество. В то время как многие сомневаются в том, что у человечества есть необходимая сила и целостность для того, чтобы удовлетворять свои собственные нужды и решать проблемы будущего, Союзники уверяют нас, что эта сила, духовная сила Знания, пребывает во всех нас и что мы должны извлечь пользу из этого.

Подготовка человечества к вступлению в Великое Сообщество уже проведена. Два тома Отчётов Союзников Человечества и книги Пути Знания Великого Сообщества доступны читателям по всему миру. С ними можно ознакомиться на сайтах www.AlliesofHumanity.org и www.NewMessage.org (на русском языке www.soyuzniki.org и www.novoeposlanie.org). В совокупности эти материалы предоставляют пути противостояния Вторжению и подготовки ко встрече с нашим будущим в меняющемся мире, в то время когда мы стоим на пороге космоса. Это единственная такого рода подготовка в мире на сегодняшний день. Именно к этой подготовке нас так срочно призывают Союзники.

В ответ на Отчёты Союзников группа приверженных читателей создала документ под названием «Декларация Суверенитета Человечества». Построенная по принципу Декларации Независимости США, Декларация Суверенитета Человечества представляет собой установление Этики Контакта и Правил Контакта, в которых мы, как коренные жители этого мира, сейчас остро нуждаемся для сохранения человеческой свободы и независимости. Как у коренного населения этой планеты у нас есть право и одновременно ответственность определять, когда и как будет происходить визит со стороны внеземных цивилизаций и кто может посещать наш мир. Мы должны сообщить всем цивилизациям и группам во Вселенной, знающим о нашем существовании, что мы являемся независимой расой и твёрдо намерены использовать свои права и обязанности, как новая возникающая раса свободных людей в Великом Сообществе. «Декларация Суверенитета Человечества» - это первый шаг, и с ней можно ознакомиться на Интернет-сайте www.HumanSovereignty.org. (www.humansovereignty.org/russian-declaration)

СОПРОТИВЛЕНИЕ &
УТВЕРЖДЕНИЕ СВОИХ ПРАВ

Принятие мер: Что вы реально можете сделать

Союзники призывают нас бороться за благополучие нашего мира и, в сущности, самим стать Союзниками Человечества. И всё же реально эта обязанность должна исходить из нашего сознания, самой глубокой части нашего бытия. Вы можете многое сделать для того, чтобы остановить Вторжение и стать позитивной силой путём укрепления себя и тех, кто вас окружает.

Некоторые читатели испытывали чувство безнадёжности после прочтения Отчётов Союзников. Если вы испытали подобное, важно помнить, что таково намерение вторгающихся сил, а именно: заставить вас почувствовать надежду и безоговорочное принятие их или безнадёжность и бессилие перед их присутствием. Не позволяйте себя в этом убедить. Вы найдёте силу в принятии мер. Что вы реально можете сделать? Очень многое!

◆

Займитесь самообразованием.

Подготовка должна начаться с осознания и обучения. Вы должны понимать, с чем вы имеете дело. Ознакомьтесь с информацией о явлении НЛО/ВЦ (внеземных цивилизаций). Узнавайте о последних открытиях в планетарной науке и астробиологии, информация о которых нам доступна.

РЕКОМЕНДУЕМ ЧИТАТЬ.

- Посмотрите «Дополнительную литературу» в Приложении.

◆

Учитесь противостоять влиянию Программы Усмирения.

Учитесь противостоять Программе Усмирения. Учитесь противостоять влиянию, чтобы не стать апатичным и равнодушным по отношению к Знанию. Учитесь противостоять Вторжению посредством осведомлённости, защиты и понимания. Способствуйте человеческому сотрудничеству, единству и целостности.

РЕКОМЕНДУЕМ ЧИТАТЬ.

- «Духовность Великого Сообщества», Глава 6: «Что такое Великое Сообщество?», и Глава 11: «К чему вы готовитесь?»
- «Живя Путём Знания», Глава 1: «Живя в развивающемся мире».

◆

Начните ощущать Ментальную Среду.

Ментальная Среда – это среда мыслей и влияния, в которой мы все живём. Её эффект на наше мышление, эмоции и действия превышает даже эффект физической среды. В настоящее время Вторжение напрямую воздействует на Ментальную Среду. На неё также влияют правительственные и коммерческие интересы, окружающие нас. Осознание Ментальной Среды жизненно необходимо для поддержания вашей свободы мыслить ясно и независимо от внешних сил. Первый шаг, который вы можете сознательно выбрать, это определение того, кто и что влияет на ваше мышление и решения посредством информации, получаемой извне. Это включает в себя средства массовой информации, книги, влиятельных друзей, семью и представителей власти. Установите свои собственные принципы и научитесь ясно определять с помощью проницательности и объективности, что другие люди, и даже культура в целом, вам говорят. Каждый из нас должен научиться сознательно различать это влияние для того, чтобы защищать и сохранять Ментальную Среду, в которой мы живём.

РЕКОМЕНДУЕМ ЧИТАТЬ.

* «Мудрость от Великого Сообщества». Том II, Глава 12: «Самовыражение и Ментальная Среда», и Глава 15: «Отклик на Великое Сообщество».

◆

Изучайте Путь Знания Великого Сообщества.

Изучение Пути Знания Великого Сообщества вводит вас в прямое общение с более глубоким духовным разумом, который Творец всей жизни поместил внутри вас. Именно на этом уровне глубокого сознания за пределами нашего интеллекта, на уровне Знания, вы в безопасности от вмешательства и манипуляции со стороны любой власти вашего мира или Великого Сообщества. Знание также объясняет важную духовную цель вашего прибытия в мир в это время. Это центр вашей духовности. Вы можете начать своё путешествие по Пути Знания Великого Сообщества, начав изучать «Шаги к Знанию» на Интернет-сайте www.novoeposlanie.org

РЕКОМЕНДУЕМ ЧИТАТЬ.
. . . .

- «Духовность Великого Сообщества», Глава 4: «Что такое Знание?»
- «Живя Путём Знания»: все главы
- «Шаги к Знанию: Книга внутреннего познания»

◆

Создайте группу для чтения материалов Союзников.

Объединяйтесь с другими для формирования Группы Чтения Материалов Союзников, чтобы создать благоприятную среду, где материал Союзников может глубоко обдумываться. Мы обнаружили, что когда люди читают Отчёты Союзников и книги Общества Пути Знания Великого Сообщества вслух вместе с другими в условиях групповой поддержки и могут в процессе свободно обмениваться вопросами и идеями, их восприятие материала существенно возрастает. Это один из способов, который помогает находить людей, разделяющих ваше мнение и желание знать правду о Вторжении. Вы можете начать с одного лишь человека.

РЕКОМЕНДУЕМ ЧИТАТЬ.
. . . .

- «Мудрость от Великого Сообщества». Том II, Глава 10: «Посещения из Великого Сообщества», Глава 15: «Отклик на Великое Сообщество», Глава 17: «Восприятия пришельцев о человечестве», и Глава 28: «Реалии Великого Сообщества».
- «Союзники Человечества: Кинга II»: все главы.

◆

Сохраняйте и защищайте окружающую среду.

С каждым днём мы узнаём о том, что нужно сохранять, защищать и восстанавливать нашу природную окружающую среду. Даже если бы Вторжения не существовало, эта задача в любом случае была бы первоочередной. Вместе с тем, послание Союзников даёт нам новый толчок и новое понимание необходимости создания устойчивого рационального использования природных ресурсов нашей планеты. Более осознанно относитесь к тому, как вы живёте и что вы потребляете, и узнавайте, что вы можете сделать для того, чтобы поддерживать здоровое состояние окружающей среды. Как подчёркивают Союзники, наша самодостаточность, как вида, понадобится для того, чтобы сохранять независимость и прогресс в рамках Великого Сообщества разумной жизни.

РЕКОМЕНДУЕМ ЧИТАТЬ.

- «Мудрость от Великого Сообщества». Том I, Глава 14: «Мировая эволюция».
- «Мудрость от Великого Сообщества». Том II, Глава 25: «Окружающие среды».

◆

Способствуйте распространению информации об Отчётах Союзников Человечества.

То, что вы делитесь посланием Союзников с окружающими, является жизненно важным по следующим причинам:

— Вы помогаете преодолеть равнодушное молчание, которым окружена реальность и масштабы внеземного Вторжения.

— Вы помогаете прекратить изоляцию, которая удерживает людей от того, чтобы объединиться перед лицом этой опасности.

— Вы пробуждаете тех, кто попал под влияние Программы Усмирения, давая им возможность использовать свой собственный разум для переоценки сути этого явления.

— Вы укрепляете решимость в себе и в других не поддаваться страху и не уклоняться от борьбы с великой опасностью нашего времени.

— Вы подтверждаете представление и Знание других людей относительно Вторжения.

— Вы помогаете формированию сопротивления, которое может противодействовать Вторжению, и способствуете утверждению ваших собственных прав, что даст человечеству единство и силу для установления собственных Правил Контакта.

ВОТ НЕСКОЛЬКО КОНКРЕТНЫХ ШАГОВ, КОТОРЫЕ ВЫ МОЖЕТЕ ПРЕДПРИНЯТЬ УЖЕ СЕГОДНЯ:

— Делитесь информацией об этой книге и послании с другими. Первая книга отчётов сейчас доступна полностью и может быть скачена бесплатно для чтения на Интернет-сайте www.soyuzniki.org

— Прочитайте Декларацию Суверенитета Человечества и делитесь информацией об этом ценном документе с другими. С Декларацией можно ознакомиться и распечатать на Интернет-сайте www.humansovereignty.org/russian-declaration

— Предлагайте местным книжным магазинам и библиотекам иметь копии трёх книг Отчётов Союзников Человечества и другие книги Маршалла Виана Саммерса. Это увеличивает доступ к материалу для других читателей.

— Делитесь материалами Союзников и их перспективой видения в существующих Интернет-форумах и группах обсуждения при подходящей возможности.

— Посещайте тематические конференции и собрания и делитесь перспективой видения Союзников.

— Помогите с переводом Отчётов Союзников Человечества. Если вы свободно владеете другими языками, помогите перевести послание Союзников человечеству и другие материалы, чтобы они были доступны большему количеству читателей по всему миру.

— Свяжитесь с Библиотекой Нового Знания, чтобы получить бесплатный пакет материалов, который поможет вам в распространении информации.

РЕКОМЕНДУЕМ ЧИТАТЬ.

- «Живя Путём Знания», Глава 9: «Как поделиться Путем Знания с другими».
- «Мудрость от Великого Сообщества». Том II, Глава 19: «Мужество».

◆

Это, конечно, не является полным перечнем того, что можно сделать. Это всего лишь начало. Посмотрите на свою собственную жизнь, чтобы увидеть существующие возможности, и будьте открыты Знанию внутри вас и пониманию ситуации. Вдобавок ко всему вышеперечисленному, люди уже нашли творческие пути выражения послания Союзников – через искусство, музыку, поэзию. Найдите свой путь.

ПОСЛАНИЕ ОТ
МАРШАЛЛА ВИАНА САММЕРСА

Последние 25 лет я был погружён в религиозную практику. Результатом этого явилось получение мной обширных материалов о природе человеческой духовности и судьбе человечества в рамках более широкой панорамы разумной жизни во Вселенной. Этот материал, содержащийся в учении о Пути Знания Великого Сообщества, включает в себя теологическую концепцию, которая объясняет жизнь и присутствие Бога в "Великом Сообществе", обширном протяжении пространства и времени, которое известно нам под названием "Вселенная".

Получаемая мной космология содержит множество посланий, одно из которых гласит, что человечество вступает в Великое Сообщество, и к этому мы должны быть готовы. Это послание подразумевает, что человечество не одиноко во Вселенной и даже в пределах собственного мира. А в Великом Сообществе у человечества будут друзья, соперники и противники.

Эта более обширная картина реальности подтвердилась резкой и неожиданной передачей первой части Отчётов Союзников Человечества в 1997 году. Тремя годами ранее, в 1994 году, я получил теологическую концепцию для понимания Отчётов Союзников в моей книге «Духовность Великого Сообщества – Новое Откровение». В тот момент в результате духовной работы и творческой деятельности мне стало известно, что у человечества есть союзники во Вселенной, которые озабочены благополучием и будущей свободой нашей цивилизации.

В рамках растущей космологии, которая открывалась мне, существует понимание, что в истории разумной жизни во Вселенной морально продвинутые цивилизации имеют обязательство завещать мудрость молодым развивающимся расам, как наша, и что это завещание должно происходить без прямого вмешательства или вторжения в дела этой молодой цивилизации. Главная цель – это передача информации, а не вмешательство. Эта передача мудрости представляет собой давно существующую моральную концепцию относительно Контакта с молодыми цивилизациями и способов их передачи. Два тома Отчётов Союзников Человечества – это ясная демонстрация модели невмешательства и морального Контакта. Эта модель должна стать путеводной звездой и стандартом, которого должны придерживаться внеземные цивилизации в своих попытках наладить с нами контакт или посетить наш мир. В то же самое время эта демонстрация морального Контакта представляет собой резкий контраст с Вторжением, которое имеет место в нашем мире сегодня.

Мы находимся в позиции чрезвычайной уязвимости. В масштабах истощения ресурсов, ухудшения состояния окружающей среды и риска большего разделения человечества, растущего с каждым днём, мы являемся мишенью для Вторжения. Мы живём в кажущейся изоляции в богатом и значимом мире, которого ищут другие из-за пределов нашего мира. Мы отвлечены, разрозненны и не видим большой опасности вторжения в наши пределы. Это явление повторялось в истории уже много раз на примере изолированных молодых цивилизаций, в пределы которых вторгались в первый раз за всю историю их существования. Мы не учитываем реальность в наших предположениях о силах и милосердии разумной жизни во Вселенной. И мы только сейчас начинаем осознавать ситуацию, которую мы создали для себя в пределах собственного мира.

Непопулярная истина состоит в том, что человечество не готово к прямому Контакту и, конечно же, не готово к вторжению. Сначала мы должны привести в порядок дела в нашем собственном доме. У нас ещё нет зрелости как цивилизации, чтобы вступать в контакт с другими расами в Великом Сообществе с позиции единства, силы и проницательности. И пока мы не сможем достичь этой позиции (если вообще когда-либо такое произойдёт) ни одна внеземная раса не должна пытаться напрямую вмешиваться в наш мир. Союзники обеспечивают нас необходимой мудростью и видением, но в то же время не вторгаются в наш мир. Они говорят нам, что наша судьба в наших руках. Таково бремя свободы в нашей Вселенной.

Однако несмотря на недостаток нашей подготовки, Вторжение происходит уже сейчас. Человечество должно быть готовым к этому самому значительному переходу в истории нашей планеты. Вместо того, чтобы быть случайными наблюдателями этого явления, мы находимся в самом его центре. Это происходит в независимости от нашего осознания происходящего. Оно может изменить будущее человечества. Оно касается всего, что мы из себя представляем, и объясняет почему мы живем в этом мире в данное время.

Путь Знания Великого Сообщества был предоставлен с целью обеспечить учение и подготовку, которые нам необходимы для преодоления этого порога, для обновления человеческого духа и установления нового курса в развитии человечества. Он отвечает чрезвычайной необходимости объединения и сотрудничества землян, первостепенности Гностического Знания, нашей духовной разумности и большей ответственности человечества на пороге космоса. Он представляет собой "Новое Послание" от Творца всей жизни.

Моя миссия состоит в том, чтобы предоставить эту обширную космологию и подготовку и вместе с этим новую надежду и перспективу для борющегося человечества. Моя долгая подготовка и огромное учение, содержащееся в Пути Знания Великого Сообщества, служат этой цели. Отчёты Союзников Человечества являются только малой частью этого большого послания. Пришло время прекратить наши нескончаемые конфликты и подготовиться к жизни в рамках Великого Сообщества. Для того, чтобы этого добиться, нам нужно новое понимание самих себя как народа, коренных обитателей этой планеты, рождённых от одной духовности, и нашего уязвимого положения как молодой цивилизации во Вселенной. Это моё послание человечеству, и я здесь, чтобы предоставить его вам.

МАРШАЛЛ ВИАН САММЕРС

2008

Приложение

◆

ВАЖНЫЕ ТЕРМИНЫ

СОЮЗНИКИ ЧЕЛОВЕЧЕСТВА: Небольшая группа физических существ из Великого Сообщества, находящаяся скрытно в окрестностях нашей планеты в нашей солнечной системе. Их миссия состоит в наблюдении, докладе и совете касательно деятельности пришельцев и вторжения, происходящих сегодня в нашем мире. Они представляют Мудрых во многих мирах.

ПРИШЕЛЬЦЫ: Несколько других инопланетных рас из Великого Сообщества «посещающих» наш мир без нашего согласия, которые активно вмешиваются в человеческие дела. Пришельцы занимаются длительным процессом своей интеграции в структуру и душу человеческой жизни с целью обретения контроля над мировыми ресурсами и людьми.

ВТОРЖЕНИЕ: Присутствие, цели и деятельность пришельцев в нашем мире.

ПРОГРАММА УСМИРЕНИЯ: Программа пришельцев, направленная на убеждение и влияние с целью уменьшения информированности людей и их понимания Вторжения, чтобы сделать человечество пассивным и податливым.

ВЕЛИКОЕ СООБЩЕСТВО: Космическое Пространство. Огромная физическая и духовная Вселенная, содержащая разумную жизнь в её бесчисленных проявлениях, в которую человечество вступает.

НЕВИДИМЫЕ: Ангелы Творца, наблюдающие за духовным развитием живых существ на всём протяжении Великого Сообщества. Союзники называют их "Невидимыми Наставниками".

ЧЕЛОВЕЧЕСКАЯ СУДЬБА: Человечеству суждено вступить в Великое Сообщество. Это наша эволюция.

КОЛЛЕКТИВЫ: Сложные иерархические организации, состоящие из нескольких инопланетных рас, связанных друг с другом общей верностью. В нашем мире в настоящее время присутствуют различные коллективы, к которым принадлежат чужие пришельцы. Эти коллективы имеют конкурирующие между собой программы.

МЕНТАЛЬНАЯ СРЕДА: Среда мыслей и психического воздействия.

ЗНАНИЕ (ИЛИ ЗНАНИЕ-ГНОСИС): Духовный разум, живущий внутри каждого человека. Источник всего, что мы знаем. Внутреннее понимание. Вечная мудрость. Безвременная часть нас самих, которая не подвержена влиянию, манипуляции или коррупции. Потенциал, присутствующий во всей разумной жизни. Знание - это Бог внутри нас, и Бог есть всё Знание во Вселенной.

ПУТИ ПРОНИЦАТЕЛЬНОСТИ: Различные учения Пути Знания, которые преподаются во многих мирах в Великом Сообществе.

ПУТЬ ЗНАНИЯ ВЕЛИКОГО СООБЩЕСТВА: Духовное учение Творца, которое практикуется во многих частях Великого Сообщества. Оно учит, как испытывать и выражать Знание и как сохранить свободу личности во Вселенной. Это учение было послано сюда, чтобы подготовить человечество к реалиям жизни в Великом Сообществе.

КОММЕНТАРИИ ОТНОСИТЕЛЬНО «СОЮЗНИКОВ ЧЕЛОВЕЧЕСТВА»

Я был очень впечатлен «Союзниками человечества» поскольку послание звучит правдоподобно. Радиолокационные контакты, наземные эффекты, видеозаписи и фильмы доказывают, что НЛО реальны. Теперь мы должны рассмотреть реальный вопрос: намерение тех, кто находится внутри этих объектов. Союзники человечества настойчиво отвечают на этот вопрос, который может оказаться критическим для будущего человечества".

— ДЖИМ МАРРС, автор книги
"Инопланетная Программа и
Правление под Секретом"

Ввиду того, что я посвятил несколько десятилетий изучению как ченнелинга, так и уфологии / инопланетных рас, у меня очень положительное отношение к Саммерсу, как к источнику, а также к посланию от отмеченных им источников в этой книге. Я глубоко впечатлен его честностью, как человека, как духа и как истинного источника. В своем послании и в своей манере, как Саммерс, так и его источники, убедительно демонстрируют мне истинный настрой на служение другим перед лицом столь большого человеческого настроя, а теперь, по-видимому, даже внеземного настроя, на служение самому себе. Хотя тон здесь серьезный и предупреждающий, послание этой книги пробуждает мой дух обещанием чудес, которые ожидают нашу расу по мере её вступления в Великое Сообщество. Мы должны в то же время найти и получить доступ к нашей первородственной связи с нашим Создателем, чтобы мы при этом не подвергались чрезмерному манипулированию или эксплуатации со стороны некоторых членов этого великого сообщества".

— ДЖОН КЛИМО, автор книги

"Ченнелинг: Расследование

Получения Информации от

Паранормальных источников"

Изучение феномена Похищений НЛО / Инопланетян в течение 30 лет было похоже на сбор гигантской головоломки. Ваша книга, наконец, дала мне схему для подбора оставшихся частей".

— ЭРИК ШВАРТЦ,

LCSW, Штат Калифорния

Угощают бесплатным обедом в космосе? Союзники Человечества напоминают нам очень убедительно, что не угощают".

— ИЛЕЙН ДУГЛАСС,

Исполнительный Директор

Интернет Сообщества НЛО

(MUFON)

в штате Юта

Слова Союзников раздадутся оглашающим эхом среди испаноязычного населения во всем мире. Я могу заверить в этом! Так много людей, не только в моей стране, борются за свои права сохранять свои культуры! Ваши книги только подтверждают то, что они пытались рассказать нам столько раз за такое долгое время".

— ИНГРИД КАБРЕРА, Мексика

Эта книга нашла искренний отклик глубоко во мне. Для меня, [«Союзники Человечества»] - это не что иное, как новаторство. Я уважаю силы, человеческие и другие, которые привели эту книгу в жизнь, и я молюсь, чтобы ее неотложное предупреждение было услышано".

— РЭЙМОНД КОНГ, Сингапур

Большая часть материалов Союзников резонирует с тем, что я узнал и что является, как я чувствую инстинктивно, правдой".

— ТИМОТИ ГУД, Британский
исследователь НЛО и автор
«Совершенно Секретной и
Внеземной Информации»

ДОПОЛНИТЕЛЬНЫЕ УЧЕНИЯ

Книга «СОЮЗНИКИ ЧЕЛОВЕЧЕСТВА» рассматривает фундаментальные вопросы о реальности, природе и цели внеземного присутствия в современном мире. Однако эта книга поднимает еще много вопросов, которые должны быть изучены посредством дополнительного учения. По сути, она дает бо́льшую осведомительность и является призывом к действию.

Чтобы узнать больше, есть два пути, по которым читатель может следовать: либо самостоятельно, либо вместе с другими учениками. Первый путь – изучение НЛО/ИНОПЛАНЕТНЫХ явлений, как таковых, которые были широко задокументированы за прошлые четыре десятилетия исследователями, представляющими много различных точек зрения. Ниже мы перечислили некоторые важные ресурсы касательно этой темы, которые, как мы считаем, особо относятся к материалу Союзников. Мы рекомендуем всем читателям быть более информированными об этом явлении.

Второй путь касается читателей, которые хотели бы знать больше о духовных последствиях явления и о том, что они лично могут сделать, чтобы подготовиться. Для этого мы рекомендуем ознакомится с трудами МВ Саммерс, которые перечислены ниже.

Чтобы быть в курсе о новых материалах, связанных с Союзниками Человечества, пожалуйста, посетите веб-сайт Союзников: www.soyuzniki.org. Для получения дополнительной информации о

Пути Знания Великого Сообщества, пожалуйста, посетите веб-сайт: www.novoeposlanie.org.

ДОПОЛНИТЕЛЬНЫЕ МАТЕРИАЛЫ

Ниже представлен предварительный список материалов по теме НЛО/ИНОПЛАНЕТНЫХ ЯВЛЕНИЙ. Он не представляет полный перечень библиографии по этому вопросу, а просто знакомит с литературой, с которой можно начать. Как только вы начнете исследование феномена, вам будет доступно для изучения все больше и больше материалов, как из этого источника, так и из других. Рекомендуем ко всему подходить осознанно.

КНИГИ

Berliner, Don: UFO Briefing Document, Dell Publishing, 1995. (Берлинер, Дон: «Отчет об НЛО», Издательство Делл, 1995).

Bryan, C.D.B.: Close Encounters of the Fourth Kind: Alien Abduction, UFOs and the Conference at MIT, Penguin, 1996. (Брайэн, С.Д.Б.: «Близкие Встречи Четвертого Уровня: Похищение Инопланетян, НЛО и Конференция в Массачусетском Технологическом Институте», Пенгуин, 1996)

Dolan, Richard: UFOs and the National Security State: Chronology of a Coverup, 1941-1973, Hampton Roads Publishing, 2002. (Долан, Ричард: «НЛО и Правительство по Национальной Безопасности: Хронология Сокрытия ,1941-1973», Издательство Хэмптон Роудз, 2002).

Fowler, Raymond E.: The Allagash Abductions: Undeniable Evidence of Alien Intervention, 2nd Edition, Granite Publishing, LLC, 2005.

(Фоулер, Рэймонд Е.: «Похищения Аллагаша: Неопровержимые Доказательства Инопланетного Вмешательства», 2-ое Издание, Издательство Гранит, ООО, 2005).

Good, Timothy: Unearthly Disclosure, Arrow Books, 2001. (Гуд, Тимоти: «Информация о Внеземном Присутствии», Эрроу Букс, 2001)

Grinspoon, David: Lonely Planets: The Natural Philosophy of Alien Life, Harper Collins Publishers, 2003. (Гринспун, Дейвид: «Одинокие Планеты: Естественная Философия Инопланетной Жизни», Издательство Харпер Коллинз, 2003).

Hopkins, Budd: Missing Time, Ballantine Books, 1988. (Хопкинс, Бадд: «Время Отсутствия», Баллантин Букс, 1998).

Howe, Linda Moulton: An Alien Harvest, LMH Productions, 1989. (Хоуи, Линда Моултон: «Урожай Пришельцев», ЛМЭЙЧ Продакшнз, 1989).

Jacobs, David: The Threat: What the Aliens Really Want, Simon & Schuster, 1998.

(Джейкобс, Дейвид: «Угроза: Чего На Самом Деле Хотят Пришельцы»,Саймон & Шастер, 1998)

Mack, John E.: Abduction: Human Encounters with Aliens, Charles Scribner's Sons, 1994. (Мэк, Джон Е.: «Похищение: Встречи Людей с Инопланетянами», Чарльз Шрайбнерз Санз, 1994).

Marrs, Jim: Alien Agenda: Investigating the Extraterrestrial Presence Among Us, Harper Collins, 1997. (Маррс, Джим: «Цель Инопланетян: Исследование Инопланетного Присутствия Среди Нас», Харпер Коллинз, 1997).

Sauder, Richard: Underwater and Underground Bases, Adventures Unlimited Press, 2001. (Саудер, Ричард: «Подводные и Подземные Базы», Эдвенчерс Анлимитид Пресс, 2001).

Turner, Karla: Taken: Inside the Alien-Human Abduction Agenda, Berkeley Books, 1992. (Тернер, Карла: «Похищенный: Программа Похищений Инопланетян», Беркли Букс, 1992).

DVD-диски

The Alien Agenda and the Ethics of Contact with Marshall Vian Summers, MUFON Symposium, 2006. Available through New Knowledge Library.

(«Цель Инопланетян и Этика Контакта» с Маршаллом Вианом Саммерсом, Симпозиум МУФОН, 2006. Доступно только в Библиотеке Нового Знания).

The ET Intervention and Control in the Mental Environment, with Marshall Vian Summers, Conspiracy Con, 2007. Available through New Knowledge Library. («Вторжение Внеземных Рас и Контроль в Ментальной Среде» с Маршаллом Вианом Саммерсом, Конференция Заговора, 2007. Доступно в Библиотеке Нового Знания).

Out of the Blue: The Definitive Investigation of the UFO Phenomenon, Hanover House, 2007.

(«Как Гром Среди Ясного Дня: Окончательное Исследование Феномена НЛО», Хэноувер Хаус, 2007).

(Примечание: Перевод названий книг осуществлен в целях понимания контента. Он может отличаться или не отличаться от официального названия книг на русском языке).

ВЕБ-САЙТЫ

www.humansovereignty.org/russian-declaration

www.alliesofhumanity.org (www.soyuzniki.org)

www.novoeposlanie.org

Примечание: Перевод текстов Нового Послания на русский язык еще не завершен и находится в процессе.

ОТРЫВКИ ИЗ КНИГ ПУТИ ЗНАНИЯ ВЕЛИКОГО СООБЩЕСТВА

"Ты - не просто человек в этом разлучённом мире. Ты - гражданин Великого Сообщества миров. Через свое восприятие ты познаешь физическую Вселенную. Она намного больше, чем ты можешь сейчас осознать…Ты - гражданин великой физической Вселенной. Это подтверждает не только твое происхождение и Наследие, но и твое предназначение в жизни, ибо человечество вступает в жизнь Великого Сообщества миров. Ты это понимаешь по сути, хотя тебе, может быть, трудно в это поверить".

—«Шаги к Знанию».

Шаг 187: «Я - гражданин
Великого Сообщества миров».

"Ты пришел в этот мир в критический, поворотный момент, поворотный момент, который тебе не удастся полностью увидеть за время своей жизни. Это судьбоносный момент момент, когда твой мир вступает в контакт с другими мирами, которые находятся рядом. Это представляет собой естественную эволюцию человечества, поскольку именно оно является естественной эволюцией всей разумной жизни во всех мирах".

—«Шаги к Знанию».

Шаг 190: «Мир вступает в
Великое Сообщество миров,
поэтому я и здесь».

У тебя есть великие друзья за пределами этого мира. Человечество стремится к тому, чтобы вступить в Великое Сообщество, потому что Великое Сообщество - более широкий круг настоящих взаимоотношений. У тебя есть настоящие друзья за пределами этого мира, и ты не один в Великом Сообществе Миров. У тебя есть друзья за пределами этого мира, потому что твоя Духовная Семья имеет своих представителей повсюду. У тебя есть друзья за пределами этого мира, потому что ты занимаешься не только эволюцией своего мира, а ещё и эволюцией Вселенной. Вне твоего воображения, вне твоих умственных способностей, это, несомненно, верно.

—«Шаги к Знанию».

Шаг 211: «У меня есть великие
друзья за пределами этого мира».

"Не реагируйте с надеждой. Не реагируйте со страхом. Откликайтесь со Знанием".

—«Мудрость от Великого
Сообщества. Том II».

Глава 10: «Посещения Великого
Сообщества».

"Почему это происходит?" Наука не может ответить на это. Логика не может ответить на это. Благие мысли не могут ответить на это.

Боязливая самозащита не может ответить на это. Что может на это ответить? Вы должны задать этот вопрос другим видом разума, посмотреть другим взглядом и обрести другое восприятие здесь".

—«Мудрость от Великого
Сообщества. Том II».
Глава 10: «Посещения Великого
Сообщества».

"Вы должны теперь думать о Боге Великого Сообщества, не о человеческом Боге, и не о Боге вашей письменной истории, и не о Боге ваших испытаний и несчастий, а думать о Боге на все времена, для всех рас, для всех измерений, для тех, кто примитивен, и для тех, кто развит, для тех, кто думает так же, как и вы, и для тех, кто думает по-другому, для тех, кто верит, и для тех, для кого вера необъяснима. Это Бог в Великом Сообществе. Именно с этого вы должны начать".

—«Духовность Великого Сообщества».
Глава 1: «Что такое Бог?»

"Ты нужен миру. Пришло время подготовиться. Настало время сосредоточиться и определиться. От этого не убежать, поскольку только те, кто развит в Пути Знания, будут иметь потенциал в будущем и смогут сохранять свою свободу в ментальной среде, на которую будет все больше влиять Великое Сообщество".

—«Живя Путём Знания».
Глава 6: «Опора
Духовного Развития».

"Здесь нет героев. Здесь некому поклоняться. Здесь надо создавать основу. Предстоит работа. Предстоит пройти подготовку. И мир ждет служения".

—«Живя Путем Знания».
Глава 6: «Опора
Духовного Развития».

"Путь Знания Великого Сообщества предоставлен миру, где он неизвестен. У него нет истории и нет прошлого здесь. Люди не привыкли к нему. Он не обязательно соответствует их идеям, убеждениям или ожиданиям. Он не соответствует нынешнему религиозному пониманию мира. Он приходит в совершенно чистом виде - без ритуала и зрелищности, без богатства и избытка. Он приходит с искренностью и простотой. Он как ребенок в мире. Он, по-видимому, уязвим, и все же он представляет собой Великую Реальность и большее будущее для человечества".

—«Духовность Великого Сообщества».
Глава 22. «Где можно найти Знание?»

"В Великом Сообществе есть те, кто сильнее вас. Они могут перехитрить вас, но только если вы невнимательны. Они могут повлиять на ваш ум, но они не могут контролировать его, если вы со Знанием".

—«Живя Путем Знания».
Глава 10: «Находиться здесь и
сейчас в мире».

"Человечество живет в очень большом доме. Часть дома горит. И другие приходят сюда, чтобы определить, как же использовать этот пожар в своих интересах".

—«Живя Путем Знания».
Глава 11: «Подготовка к будущему».

"Выйдите в ясную ночь и посмотрите наверх. Ваша судьба находится там. Ваши трудности находятся там. Ваши возможности находятся там. Ваше искупление находится там".

—«Духовность Великого Сообщества».
Глава 15: «Кто служит человечеству?»

"Вы никогда не должны предполагать, что у продвинутой расы развитый разум, если только она не сильна в Знании. На самом деле, она может выступать против Знания, как и вы. Старые привычки, ритуалы, структуры и власти должны быть оспорены на фоне Знания. Вот почему даже в Великом Сообществе мужчина или женщина Знания - мощная сила".

—«Шаги к Знанию».

«Высшие Уровни».

"Твое бесстрашие в будущем не должно исходить от притворства, а исходить от твоей уверенности в Знании - вы станете убежищем спокойствия и источником богатства для других. Это то, кем вам суждено быть. Вот почему вы пришли в мир."

—«Шаги к Знанию».

Шаг 162: «Сегодня я не буду
бояться».

"Нелегко быть сейчас в мире, но если вклад — это ваша цель и намерение, то это самое подходящее время находиться в мире".

—«Духовность Великого Сообщества».

Глава 11: «Для чего
ваша подготовка?»

"Чтобы вы выполнили свою миссию, у вас должны быть великие союзники, потому что Бог знает, что вы не можете сделать это в одиночку".

—«Духовность Великого Сообщества».

Глава 12: «Кого вы встретите?»

"Творец не оставил бы человечество без подготовки к Великому Сообществу. И для этого предоставляется Путь Знания Великого Сообщества. Он порожден Великой Волей Вселенной. Он передается через Ангелов Вселенной, которые служат появлению Знания во всем мире и которые культивируют отношения, которые могут воплощать Знание во всем мире. Это работа Божественного в мире не для того, чтобы привести вас к Божественному, а привести вас в мир, потому что мир нуждается в вас. Вот почему вас отправили сюда. Вот почему вы решили прийти сюда. И вы решили прийти, чтобы служить и поддержать вступление мира в Великое Сообщество, потому что сейчас в этом есть огромная потребность человечества и эта огромная потребность затмит все потребности человечества в грядущие времена".

—«Духовность Великого Сообщества».
«Введение».

ОБ АВТОРЕ

◆

Маршалл Виан Саммерс может быть признан одной из самых пророческих фигур, появившихся в наше время. В течение тридцати пяти лет он тихо писал и учил духовности, которая признает неоспоримую реальность, что человечество живет в огромной, населенной Вселенной, и теперь ему необходимо спешно подготавливаться к возникающим трудностям, связанным со вступлением в Великое Сообщество разумной жизни.

М.В. Саммерс учит практике Знания или внутреннего познания. «Наша самая глубокая интуиция, - говорит он, - является всего лишь выражением великой силы Знания». Его книги «Шаги к Знанию: Книга внутреннего познания», получившая Премию по тематике «Духовность» в 2000г. как Книга Года, и книги «Духовность Великого Сообщества: Новое Откровение» вместе представляют фундамент, который может считаться первой «Теологией Контакта». Из всех его трудов, составляющих около двадцати томов, лишь немногие были опубликованы Библиотекой Нового Знания. Эти труды представляют собой одно из самых подлинных и продвинутых духовных учений, появившихся в современной истории. Он также является основателем Общества Нового Послания религиозной некоммерческой организации.

Благодаря «Союзникам Человечества», Маршалл становится, пожалуй, первым крупным деятелем, дающим чёткое предупреждение о настоящем характере внеземного Вторжения, происходящего сейчас в мире, призывающего к личной ответственности, подготовке и коллективному осознанию. Он посвятил свою жизнь получению Пути Знания Великого Сообщества, дара от Создателя. Он предан тому, чтобы преподнести это Новое Послание от Бога миру. Ознакомьтесь ближе с Новым Посланием на сайте: www.novoeposlanie.org.

ОБ ОБЩЕСТВЕ

Общество Пути Знания Великого Сообщества выполняет великую миссию в мире. Союзники Человечества представили проблему Вторжения и всего, что оно предвещает. В ответ на эту серьезную проблему представлено духовное обучение под названием Пути Знания Великого Сообщества. Это обучение предоставляет перспективу Великого Сообщества и духовную подготовку, необходимую человечеству, чтобы обеспечить наше право на самоопределение и успешно занять наше место в качестве развивающегося мира в большой Вселенной разумной жизни.

Миссия Общества состоит в том, чтобы представить это Новое Послание для человечества через его публикации, интернет-веб-сайты, образовательные программы и медитативные услуги. Цель Общества состоит в том, чтобы развивать Знание в мужчинах и женщинах, которые будут инициаторами подготовки Великого Сообщества в мире сегодня и начать сопротивляться воздействию Вторжения. Эти мужчины и женщины будут ответственны за поддержание Знания и мудрости в мире по мере того, как борьба за свободу человечества усилится. Общество было основано в 1992 как религиозная некоммерческая организация Маршаллом Вианом Саммерсом. За эти годы группа преданных учеников собиралась, чтобы непосредственно помочь ему. Общество поддерживалось и сохранялось этим ядром преданных учеников, которые стремятся привносить новое духовное сознание и подготовку в мир. Миссия Общества требует поддержки и участия еще многих людей. Учитывая серьезность состояния мира, существует насущная необходимость в Знании и подготовке. Поэтому Общество призывает мужчин и женщин везде помогать нам передавать дар Нового Послания миру в этот критический поворотный момент в нашей истории.

В качестве религиозной некоммерческой организации, Общество поддерживается полностью посредством добровольной деятельности и пожертвований. Однако растущая потребность достучаться до людей во всем мире и подготовить их превосходит способность Общества выполнить свою миссию. Вы можете участвовать в этой великой миссии. Поделитесь посланием Союзников с другими. Помогите информировать людей о том, что мы – единый народ и единый мир, вступивший на большую арену разумной жизни. Станьте учеником Пути Знания. И если вы имеете возможность быть благотворителем этого великого предприятия или знаете о таком человеке, пожалуйста, свяжитесь с Обществом.

Помогите поделиться Отчётами Союзников Человечества с русскоговорящим миром! Свяжитесь с Обществом Пути Знания Великого Сообщества, чтобы обсудить, каким образом вы могли бы помочь с их распространением.

◆

"Вы стоите на пороге получения величайшего дара, который представляет собой огромную необходимость в мире, и преподносится миру, и передается в мир.

Вы среди первых,

кто получит его.

Примите его достойно".

«ДУХОВНОСТЬ ВЕЛИКОГО СООБЩЕСТВА»

ОБЩЕСТВО ПУТИ ЗНАНИЯ ВЕЛИКОГО СООБЩЕСТВА

P.O. Box 1724 • Boulder, CO 80306-1724

(303) 938-8401, fax (303) 938-1214

society@newmessage.org

www.alliesofhumanity.org   www.newmessage.org

О ПРОЦЕССЕ ПЕРЕВОДА

Посланник Маршалл Виан Саммерс получает Новое Послание от Бога с 1983г. Оно является самым обширным Откровением, когда-либо данное человечеству, данное теперь грамотному миру глобальной связи и растущей глобальной осведомленности. Оно не дано одному племени, одной нации или одной религии, а всему миру. Это требует переводов на как можно большее количество языков.

Процесс Откровения раскрывается впервые в истории. В этом удивительном процессе Божье Присутствие безмолвно общается с Ангельской Ассамблеей, которая наблюдает за миром. Ассамблея, в свою очередь, переводит эту коммуникацию на человеческий язык и говорит воедино, одним Голосом, через своего Посланника: голос, который становится проводником для этого высшего Голоса, — Голоса Откровения. Слова произносятся на английском языке и непосредственно записываются в аудио-формате, затем расшифровываются и делаются доступными в виде текста и аудиозаписи Нового Послания. Таким образом, чистота исходного Божьего Послания сохранена и может быть передана всем людям.

Но к тому же есть и процесс перевода. Поскольку оригинальное Откровение было передано на английском языке, оно является основой для всех переводов на множество языков человечества. Поскольку люди говорят на многих языках в нашем мире, переводы жизненно необходимы, чтобы повсюду донести Новое Послание до людей.

Ученики Нового Послания выступают с желанием добровольно перевести Послание на свой родной язык.

На данный момент Общество Нового Послания не в состоянии заплатить за переводы на такое количество языков и за такое обширное Послание - Послание, которое должно быть срочно донесено всему миру. Кроме того, Общество также считает целесообразным, чтобы переводчики были учениками Нового Послания, что способствует лучшему пониманию и восприятию сути того, что они переводят.

Учитывая настоятельную необходимость и потребность распространить Новое Послание по всему миру, мы приветствуем дальнейшую помощь в переводах, чтобы донести Новое Послание до как можно большего количества людей, переводя как можно большую часть Откровения на языки, на которых перевод уже реализуется, так и на новые языки. Со временем мы также стремимся улучшить качество этих переводов. Многое ещё предстоит сделать.

КНИГИ НОВОГО ПОСЛАНИЯ ОТ БОГА

«Бог Снова Заговорил»

«Единый Бог»

«Новый Посланник»

«Великое Сообщество»

«Духовность Великого Сообщества»

«Шаги к Знанию»

«Взаимоотношения и Высшее Предназначение»

«Шагая по Пути Знания»

«Большие Волны Перемен»

«Мудрость от Великого Сообщества I & II»

«Секреты Небес»

«Союзники Человечества Книга Первая, Вторая & Третья»

www.ingramcontent.com/pod-product-compliance
Lightning Source LLC
Chambersburg PA
CBHW022020090426
42739CB00006BA/213